沟槽事故救援技术

张禹海 编著

Rescue Technology for
Trench Accidents

化学工业出版社

·北京·

内容简介

《沟槽事故救援技术》主要以消防特种事故救援技术中的沟槽事故救援技术为核心，详细探讨了沟槽事故救援基础理论，土壤分类、测试与土壤物理学，沟槽事故救援器材装备，沟槽事故救援评估，沟槽事故救援现场操作，以及沟槽事故救援队伍人员能力要求等，解答了消防救援人员关于沟槽事故救援以及沟槽事故救援队伍建设的困惑。本书配有大量沟槽事故救援技术的彩色图片，使读者可以直观、清楚地了解到具体技术的应用。

本书适合我国消防救援部门各级消防救援人员和有一定抢险救援技术基础的本专科学员作为教材学习，也适合作为想从事抢险救援技术相关工作的人员学习沟槽事故救援技术的参考书。

图书在版编目（CIP）数据

沟槽事故救援技术/张禹海编著. —北京：化学工业出版社，2023.10
ISBN 978-7-122-43823-2

Ⅰ.①沟… Ⅱ.①张… Ⅲ.①消防-救援 Ⅳ.①TU998.1

中国国家版本馆CIP数据核字（2023）第136124号

责任编辑：窦　臻　林　媛　　　　　　　　装帧设计：史利平
责任校对：李雨函

出版发行：化学工业出版社（北京市东城区青年湖南街13号　邮政编码100011）
印　　装：中煤（北京）印务有限公司
710mm×1000mm　1/16　印张12　字数130千字　2023年11月北京第1版第1次印刷

购书咨询：010-64518888　　　　　　　　售后服务：010-64518899
网　　址：http://www.cip.com.cn
凡购买本书，如有缺损质量问题，本社销售中心负责调换。

定　　价：78.00元　　　　　　　　　　　　　　　　版权所有　违者必究

前言

　　随着我国经济社会的快速发展，城市内各种设施、管网的建设与维修等施工项目不断增多。工程施工中均需要开挖沟槽，在实际作业中，未做工程保护和保护措施不当的情况也屡见不鲜，极易导致沟槽坍塌事故的发生，造成人员伤亡和财产损失事故。

　　沟槽事故救援与绳索救援、水域救援、受限空间救援等类似，均属于特种灾害事故救援。当前，国家综合性消防救援队伍中，绳索救援、水域救援、车辆交通事故救援等特种灾害事故救援均已逐渐体系化，有相应的救援队伍、装备和体系化的培训。相比而言，沟槽事故救援在很多消防救援队伍中仍处于空白状态，缺乏较为系统的理论指导，训练操法体系不健全，训练设施不完善。

　　笔者于2019年5月参加美国CMC培训学校的沟槽事故救援技术培训，并取得了资质证书。通过此次培训加深了对于特种灾害事故救援的理解，学习到了较为系统的沟槽事故救援技术。通过与一线消防救援人员的交流，以及系统分析国内外沟槽事故的案例，笔者编写了本书，力图将沟槽救援技术系统化。

　　本书旨在为我国广大消防救援队伍指战员、学员、企事业单位消防救援人员、民间志愿消防救援队伍等提供针对沟槽坍塌事故的全面的救援技术指导，以深化救援人员对沟槽事故救援的认知和理解，提高应对沟槽坍塌事故救援的能力。

全书共九章，第一章沟槽事故救援基础理论，第二章土壤分类、测试与土壤物理学，第三章沟槽事故救援器材装备，第四章沟槽事故救援评估，第五章到第八章为沟槽事故救援现场操作，第九章为沟槽事故救援队伍人员能力要求。

最后，衷心感谢中国人民警察大学"军队指挥学高原学科项目"、河北省高等学校人文社会科学研究项目"以职业化为导向的我国消防救援队伍特种事故救援培训体系研究"（SZ201079）和应急管理部消防救援局科技计划项目"消防员在线业务培训体系研究"（2019XFLR61）对于本书的出版支持，感谢在本书撰写过程中各级领导、同事和国内外专家提出的宝贵建议。

由于编者水平有限，书中难免会有一些疏漏和不足之处，敬请广大读者批评指正。

编著者

2023 年 3 月

目 录

第四章　沟槽事故救援评估

067

第五章　沟槽事故救援现场操作——第一阶段

075

第六章 　沟槽事故救援现场操作——第二阶段

091

第七章 　沟槽事故救援现场操作——第三阶段

099

第八章　沟槽事故救援现场操作——第四阶段

139

第九章　沟槽事故救援队伍人员能力要求

附　录

175

参考文献

179

第一章

沟槽事故救援基础理论

本章通过引入沟槽事故救援案例，分析沟槽事故这类特种灾害事故类型在我国近年来的发生情况，进而对沟槽与沟槽事故救援进行定义，对沟槽事故危险性、沟槽事故救援指挥决策风险进行重点讲解，对消防救援人员参与沟槽事故救援的准备、国内外沟槽事故救援相关标准与法规进行了概述。

第一节　沟槽事故救援简介与事故案例

一、沟槽事故救援简介

随着我国经济社会的快速发展和城市化进程的不断加快，各种基建项目如雨后春笋般地不断涌现，工程建设中会衍生出种类繁多、形状各异的沟槽，而沟槽由于其特殊的环境，极易发生坍塌事故。近年来，沟槽事故发生的频率直线上升，其处置难度高，救援时间长（平均持续6至10小时），易引发次生、衍生灾害，带来的直接和间接的人员伤亡和财产损失愈来愈大，引起人们广泛的关注与重视，沟槽事故已成为建筑行业人员伤亡的主要原因之一。

在一些文献中，沟槽亦被有些学者称为沟渠，在现代汉语词典中，沟渠意为灌溉或排水而挖的水道的统称。而沟槽，在地质学的概念中，其是指由于河流侵蚀或构造板块的地质运动而造成的凹陷；在土木工程领域，通常指开挖坑道以安装地下基础设施或公用设施

（例如天然气总管，自来水总管或电话线缆）；在军事领域，也经常开挖被用于军事防御目的。由此可见，沟槽定义的涵盖范围比沟渠相对更广泛。

根据美国职业安全与健康管理局（Occupational Safety and Health Administration）与美国国家职业安全卫生研究所（National Institute for Occupational Safety and Health）的规定，沟槽（trench）是由挖掘工程中形成的低于地面的空间，一般其宽度相比于其长度要小，而且深度大于宽度。

学者李剑锋在论文中指出沟槽指在地面挖掘的底宽3m以内且底长大于宽度3倍以上的土方工程。崔绅在论文中指出沟渠是由挖掘工程形成的低于地面的空间，其宽度比其长度小。在一般情况下，沟渠的深度大于其宽度，且宽度不大于4.5m。

结合国内外相关研究及标准的论述，笔者认为，沟槽是指在工程建设挖掘过程中所形成的低于地面的空间，其宽度比长度要小，深度要大于其宽度，深度在3m以内的为一般沟槽，深度在3~5m的为深沟槽。超过5m的深沟其危险性就会明显增大，应结合沟槽事故救援技术和受限空间救援技术进行具体分析。

由此可见，沟槽的特点是经过人工开挖或自然形成低于地面的坑洞。统计数据显示，发生在沟槽中的事故死亡率比其他施工活动高出112%，这些受害者中有许多是消防救援人员，他们是试图在沟槽坍塌的情况下营救最初的被困人员而受到伤害的。

沟槽的主要组成部分为底面、墙脚、墙壁、边缘、头部、土堆等，沟槽的两侧分别为工作侧和受限访问侧，如图1-1所示。其中墙脚是指墙壁和底面的相交线及向上0.6m以内的区域。

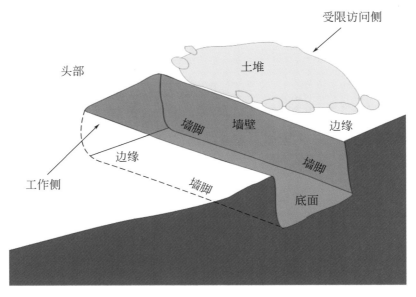

▲ 图1-1 沟槽的组成部分

　　沟槽根据工程开挖的需求不同，主要分为直壁型、L型、T型、Y型、X型，如图1-2所示。本书主要围绕前三种类型的沟槽救援进行讲解，后两种沟槽类型可以依据前三种沟槽类型的救援方法进行推导，因此不做过多赘述。

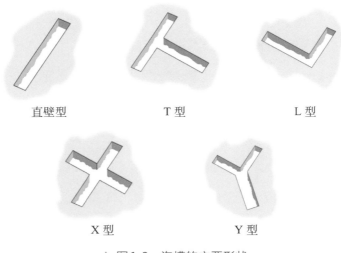

直壁型　　　　　　T型　　　　　　L型

X型　　　　　　Y型

▲ 图1-2 沟槽的主要形状

沟槽事故救援是指从坑道或沟槽中解救遇险人员的救援活动。沟槽事故救援要求救援人员掌握各项专业救援技术，消除事故现场的危险因素，成功解救被困人员。沟槽的危险性主要体现在沟槽易发生坍塌，造成沟槽内部的人员埋压，其次根据沟槽的使用性质，可能会出现不同的危险因素。

二、相关事故案例

2014年5月26日10时17分，湖北省孝感市一处改造工地发生坍塌，1名施工人员被埋压。接警后，当地消防部门迅速调集力量赶赴现场施救，经历1个小时的救援，成功救出被困人员，但在抬送被困人员过程中，工地发生大面积二次塌方（图1-3），导致3名消防救援人员和刚刚获救的被困人员被埋，后经全力搜救，被埋压4人于16时37分救出，已全部遇难。

▲ 图1-3　湖北孝感工地二次坍塌

2018年12月6日11时10分，河南省周口市郸城县，一排污渠在清淤时发生坍塌，2名施工人员被埋，当地消防部门指战员到场紧急救援。11时23分，2名被困人员先后被成功救出，正当3名消防队员从坑道底部撤出时，周边土方突然坍塌（图1-4），造成3名消防队员被埋压，12时2分被埋压的3名消防队员被救出，紧急送往医院救治，经全力抢救，一名消防队员牺牲，其他两名消防队员分别造成左侧胫腓骨骨折、右侧股骨骨折。

▲ 图1-4　河南周口排污渠坍塌

表1-1总结了近年来典型的沟槽事故。

通过以上事故案例可知，沟槽坍塌事故是土木工程领域极易造成人员伤亡的一种事故类型，且发生事故的原因都极为相似，往往项目承包商或现场监督管理人员知道在没有保护的情况派人进入沟槽是错误的，但如果没有经历过沟槽坍塌事故的话，他们就会选择在承担风险的情况下说服自己这么做是正常的，这是导致沟槽坍塌事故的根本原因，在下一节中将重点讲述导致沟槽坍塌的原因。

表1-1　近年来典型的沟槽事故（不完全统计）

时间	地区	事故情况	伤亡人数
2017年4月23日	云南香格里拉	沟槽坍塌	1人死亡，3人受伤
2018年1月26日	广西百色	沟槽坍塌	3人死亡
2018年10月21日	河北邢台	沟槽坍塌	1人死亡
2019年12月20日	广东湛江	排污管网坍塌	1人死亡
2020年5月7日	广西柳州	沟槽坍塌	1人死亡
2021年10月2日	浙江杭州	沟槽坍塌	2人死亡
2021年11月12日	河北张家口	沟槽坍塌	4人死亡，1人受伤
2021年12月23日	安徽淮南	排污管网坍塌	1人死亡
2022年2月25日	安徽合肥	沟槽坍塌	1人死亡
2022年3月28日	四川成都	沟槽坍塌	3人死亡
2022年5月10日	广东梅州	沟槽坍塌	1人死亡
2022年5月20日	宁夏银川	沟槽坍塌	1人死亡
2022年7月9日	海南文昌	沟槽坍塌	1人死亡
2022年7月18日	广东深圳	沟槽坍塌	2人死亡
2022年8月24日	内蒙古呼和浩特	沟槽坍塌	1人死亡
2022年9月21日	广东深圳	沟槽坍塌	1人死亡
2022年10月1日	安徽宣城	沟槽坍塌	1人死亡

　　对于消防救援队伍而言，沟槽事故救援是消防救援中挑战性极强的一类特种事故救援，其要求救援队员高度专业化，经过专门的特种培训，救援过程标准要求严格并需要专门的特种装备器材，且救援过程中极易发生二次坍塌，造成消防员伤亡事故。虽然大部分沟槽坍塌事故案例并没有发生二次坍塌，但其中的风险是存在的，因为消防救援人员在救援过程中并没有排除掉相应的风险，因此如何正确地开展沟槽坍塌事故救援，避免二次坍塌造成消防救援人员伤亡，是本书接下来所要讲述的核心。

第二节　沟槽事故的危险性分析

一、沟槽坍塌的形式

基于土壤剖面、沟槽的类型和大小以及沟槽开挖的条件，沟槽塌陷在某种程度上是可以预测的。熟悉坍塌的类型将有助于消防救援人员确定沟槽坍塌的可能性以及如何建立沟槽保护系统，以确保消防救援人员的安全。

沟槽坍塌的形式主要分为直壁倒塌、弃土堆滑落、墙脚塌陷、边缘坍塌。沟槽拐角处越多，其土壤稳定性越低，坍塌的可能性越大。

（一）直壁倒塌（剪力墙坍塌）

当沟槽内一部分土壤失去站立的能力，表现为整块墙壁或墙壁上的部分土壤失稳发生倒塌，沿着一个基本垂直的平面剪力墙坍塌到沟槽中时，即为直壁倒塌，如图1-5（a）所示。这种坍塌通常是由于沟槽暴露于环境中时间过长，土壤水分挥发而黏性降低导致的。在救援过程中，最重要的是了解被困人员在发生坍塌时候的位置。墙壁的完全倒塌是从沟槽边缘到墙脚呈几何平面状的倒塌，这种坍塌形式特别耗费救援时间，且被困人员死亡率较大。

（二）弃土堆滑落

工人在施工时为了节省时间往往会把材料和设备放在尽可能地靠近沟槽的边缘，如图1-5（b）所示。弃土堆滑落正是挖掘出的土壤离沟槽边缘太近的结果，当堆放物过于靠近沟槽边缘或堆放过高时，土堆、建筑材料或施工设备会滑落进入沟槽造成人员埋压。因此，消防救援人员应该评估沟槽周围的每一堆泥土，看它们是否有可能变得活跃。

导致这种坍塌的一个因素是新的挖掘的泥土，其内部有一定的水分提供凝聚力，将土壤保持在一起，但随着土壤变干，土堆将变得不太稳定，直到它的重量超过它的黏性。此时，弃土堆通过流向较低的水平面来缓解其不平衡的压力。

（三）墙脚塌陷

开挖后的沟槽，随着深度的增加，墙脚处（底部与墙壁的交界）承受的来自上方土壤的压力就会越大，发生坍塌的可能性越大。且在一些情况下，沟槽底部积水会逐渐增多，导致墙脚处土壤黏聚力降低，发生失稳塌陷，如图1-5（c）所示。

墙角塌陷是一种非常危险的沟槽塌陷情况，因为消防救援人员不会随时注意到沟槽底部土壤的损坏情况，其次，在沟槽保护系统到位之前，沟槽墙脚处的坍塌危险信号是很难得到及时修正的。

（四）边缘坍塌

沟槽边缘的土壤受到来自土堆、人员及设备的压力过大，会导致沟槽边缘土壤稳定性被破坏，发生坍塌，如图1-5（d）所示。救援人员在进行沟槽支撑作业之前，要在沟槽边缘铺设垫板，使人员及设备的重量得到分散分布，减少土壤承受的压力，从而降低边缘坍塌的可能性。

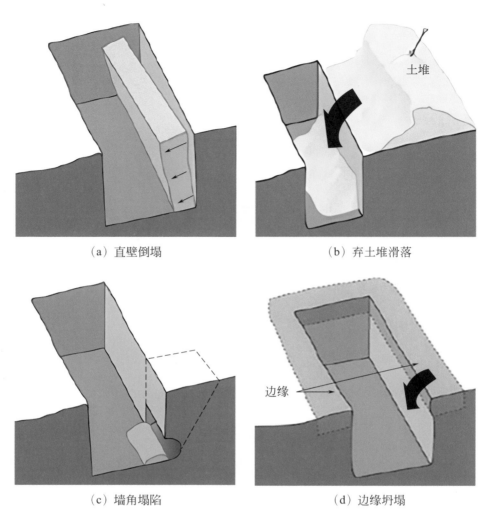

（a）直壁倒塌 （b）弃土堆滑落

（c）墙角塌陷 （d）边缘坍塌

▲ 图1-5 沟槽坍塌的形式

二、沟槽坍塌的原因

许多情况最终会导致沟槽坍塌，这些因素也可能会产生叠加作用，导致非常严重的坍塌情况，在评估沟槽坍塌因素时，需要谨记，任何因素都可能是导致沟槽坍塌事故的最终的"压垮骆驼的稻草"，这也是沟槽事故救援的问题，没有百分百准确的方法可以确定哪一个条件或一组多个条件会导致沟槽坍塌，因此，在评估可能导致沟槽坍塌的因素时，认识到这种复杂性是至关重要的。

土壤的密度约为 $1.4g/cm^3$，不同地区的土壤密度取决于其水分含量和其他因素会有所变化，比如饱和黏土的密度约为 $2.7g/cm^3$，通常每立方米的土壤约为 $1600 \sim 2000kg$。假设一般土壤情况下挖掘的沟槽 3m 深，在 $0.1m^2$ 的面积上，土壤纵向的质量会达到 420kg 左右，从而产生 41.2kPa 的压强，同时在水平方向会产生一个大小等于 1/2 垂直力的作用力，作用于四周土壤。作用力随着沟槽深度的增加而增大，沟槽底部土壤在理论上有向外压缩和扩散的趋势，因此沟槽底部土壤会受压而趋于向外膨出，导致沟槽坍塌。通常沟槽底部的被困人员在 0.6m 左右的位置，如果被困人员被土壤完全埋压，土壤会对被困人员胸部产生 $350 \sim 450kgf$ 的压力，导致被困人员窒息。

沟槽坍塌通常发生在三个阶段，在第一阶段，由于墙脚处应力集中程度增加，抗滑阻力减小，土壤内部由于受力不平衡而引起土壤的移动，在压力的作用下导致土壤间产生裂缝，在墙壁上形成一个隆起的部分，靠近沟槽底部的墙壁松动，向下的压力使得土壤下沉，土壤滑入沟槽底部，同时造成该侧墙壁上部土壤悬空突出，失去稳定性。此外，随着沟槽底部水的增加，水分渗入会导致土壤含水量增加，黏聚力减小，土体抗剪强度下降，当压力达到一定程度时，土体失稳，墙脚发生塌陷。第二阶段发生在大部分的悬垂土落入沟槽内，导致剩余靠近沟槽边缘的土壤处于更不稳定的状态，沟槽边缘发生坍塌。第三阶段是由于沟槽内墙壁部分塌陷，导致沟槽顶部边缘的土壤坍塌滑入底部。根据沟槽不同坍塌形式和坍塌原因，可分析得出引发沟槽坍塌的影响因素主要有以下几点：

1. 土壤因素

在确定土壤的分类及其坍塌的可能性时，不同的土壤剖面是救援人员面临的一个问题。因为多层不同的土壤材料表现出不同的强度和摩擦系数，所以通常很难肯定地说明不同类型土壤在特定事故中会如何反应，但不同类型的土壤层面应被认为具有更大的坍塌潜力。因为不同地区土壤的种类决定了土壤黏聚力的差异。例如，当一层沙子夹在两层黏土之间时，当挖掘到一边没有支撑黏土时，沙子便会产生滑动的可能性。

2. 现场状况

在施工现场，若沟槽边缘的堆放物过多，如堆放施工设备、救援设备、土堆以及过多的救援人员都会增加沟槽边缘土壤的压力，从而造成沟槽边缘坍塌的发生，因为挖沟槽的设备不可避免地会对无支撑的沟槽壁施加压力，一般来说，如果是设备导致了坍塌，设备可能就在沟槽里。如果设备还没有在沟槽里，那就别碰它们，关停设备且让其停留在原地，将启动设备的钥匙放在安全的位置或人身上。

同时来自道路交通、重型施工设备、爆破或其他重工业的振动源都会使得土壤稳定性变弱，从而增加沟槽坍塌的可能性。通常施工现场的普通工作人员都会因为重视时间成本，而忽视沟槽现场的作业安全问题，甚至一线的施工工人在缺少安全培训的情况下很少能理解沟槽内可能涉及的危险。因此实施沟槽事故救援时，必须努力控制救援区域100m内的所有振动源。

3. 水

水会给土壤增加巨大的重量，1L水的质量大约是1kg，尽管水对土壤的作用会受到许多其他因素的影响，例如，土壤的吸收率将最终决定任何给定土壤体积的总重量。此外，水对土壤保持其强度能力的影响至关重要。一些土壤最初随着水的引入而变得坚硬，但是在某个时间段土壤会变得饱和，之后土壤将变得脆弱，其抗剪强度将会下降。例如，黏土在干燥时，它可以是粉状和松散的，随着水的加入，黏土会凝固，变得更加稳定和坚固，但是随着水不断地加入，黏土会变成流体并失去强度，由此可见，水对于土壤的作用是利弊兼顾的。

4.地下水位

地下水位也决定了在沟槽坍塌时可能面临的救援情况。如果在河水附近或一个低洼地区，只需在地上放一把铁锹就可以为积水打个洞。高水位意味着更重、更不可预测的土壤。即使是有经验的建筑工人也无法确定沟槽在这种环境下能够独立支撑的时间。

5.天气情况

天气情况的不同会导致土壤含水量的增加或减少，其也会影响沟槽的稳定性。如果沟槽挖掘后的露天暴露时间较长，土壤将会受到干燥、风和水等环境因素的影响，因此沟槽暴露时间越长，墙壁中土壤的水分含量减少，土壤失去凝聚力，沟槽壁能够承受的压力则越小，沟槽也就越接近大自然试图将其重新再次填满的情况，导致沟槽坍塌的发生。

6.沟槽形状

管线工程在施工中由于铺设的需求会产生相交的沟槽，如T型沟槽、L型沟槽、X型沟槽、Y型沟槽等，从而导致土壤暴露出更多的拐角，而小于90°拐角的土壤稳定性很差，更容易发生坍塌。

7.扰动过的土壤

若事故区域在坍塌发生前进行过挖掘工程，受到扰动过的土壤就会缺乏黏结性，因为它们会破碎，或与其他类型的土壤混合，也就是说，除非土壤已经压实回其原始状态或密度，否则土壤的无侧限抗压强度肯定是较低的。然而，并不是所有以前扰动过的土壤都是危险的，例如，当使用填料建造高架道路时，要求承包商将土壤压实到道路建成后不会沉降的程度，工程师使用基于土壤类型和含水量的数学计算来确定最大压实，在这些情况下，先前扰动的土壤不比未扰动的土壤危险多。

消防救援人员到达现场后可以通过评估沟槽墙壁和土堆来判断是否近期开挖过。由于土壤的自重、压力随着沟槽深度的增加而增加，当墙脚或墙壁超出其承载能力，沟槽便会发生坍塌。

三、沟槽事故救援中的危险因素

在救援过程中，救援人员和被困人员面临的最大危险是沟槽发生坍塌，造成人员埋压，同时根据沟槽开挖的性质以及特点，除了发生坍塌事故外，救援人员和被困人员还有可能面临其他的危险情况。

（一）坍塌

沟槽坍塌是最常见的事故类型，若沟槽发生坍塌或二次坍塌，会严重威胁到被困人员和救援人员的人身安全。土壤埋压会导致伤员呼吸气道的异物阻塞，土壤的压力会使得伤员的胸腔不能正常扩张和收缩，导致血氧浓度降低。同时冲击力的作用会导致外部创伤，如骨折、扭伤、拉伤以及开放性伤口，而长时间的埋压可能会导致挤压综合征的发生。

（二）溺水

沟槽开挖可能用于铺设各类公共设施管线，若在挖掘作业中破坏了原有的污水管线，可能造成沟槽内部水位上升，威胁到被困人员的人身安全。同时救援现场可能会遇到暴雨天气，或是由于地下水的渗流，导致沟槽内部存在较高水位，救援人员在进行救援行动时应该使用相关器材进行排水排污，防止污水影响救援行动以及救援人员的安全。

（三）触电

若在沟槽开挖的过程中破坏了原有的电缆管线，将电缆绝缘层截断剥开，可能会造成人员触电事故，不仅威胁到被困人员的安全，也给救援人员到场处置造成了极大的安全隐患，应该及时联系电力部门断电，防止二次事故的发生。

（四）燃爆

当挖掘作业破坏了原埋压的燃气管道，会造成天然气的泄漏，具有燃爆的危险性。天然气泄漏速度快，若达到爆炸极限，则威胁到被困人员及周围群众的生命安全。救援人员到达现场后应联系燃气公司，关闭总阀门，随后对泄漏气体进行稀释并且对泄漏点进行堵漏，在消除安全隐患后进行人员救助。

（五）窒息

若沟槽深度较深，且开口时间较长，其底部可能会由于各种原因沉积了有毒有害的危险气体，救援人员在进行现场评估的过程中，应该充分对沟槽内部的空气进行检测，确认氧气浓度和有毒有害气体浓度，采取有效措施来进行空气置换，保证被困人员和救援人员在沟槽底部能够正常呼吸，方便后续救援工作的开展。

四、沟槽事故救援的特点

（一）突发性强，难以防范

受施工条件与施工环境的影响，沟槽工程施工中存在许多复杂性和不确定性因素，且沟槽土体发生变形破坏之前几乎没有任何征兆，突发性极强，变形破坏一旦发生，速度极快，在沟槽内施工的人员很难对突发性的坍塌进行有效的反应。

（二）危险性大，易发生次生灾害

如果沟槽下方埋有市政公共设施管线（如天然气管道、下水管道、电缆线等），当沟槽发生坍塌时，可能会对这些公共设施造成损害，导致发生如易燃易爆气体的泄漏或爆炸、触电事故等次生灾害；同时，发生过坍塌的沟槽会因受自身剪应力的影响，或因失去支护而发生二次坍塌，会对消防救援人员造成人身伤害。因此，在进行沟槽事故救援时，必须在支撑系统搭建完毕后才能开始行动，且作业区域不得超过支撑范围。

（三）专业性强，救援难度大

沟槽事故救援属于特种灾害事故救援的范畴，其专业性较强，消防救援人员除具备最基本的体能、技能之外，还要掌握一定的物理学、建筑学和工程学等专业理论知识，以及一定的动手能力，能迅速完成沟槽事故救援支撑系统的搭建。沟槽事故救援往往耗时长、调用资源多，协调指挥难度大，救援现场通常作业区域较危险、作业面狭窄，导致消防救援人员体能消耗大、作业效能低，这些因素都会对救援行动造成一定的困难。

第三节　沟槽事故救援决策的风险分析

作为专业的消防救援人员，其决策目标应该是首先避免指战员陷入危险或有风险的境地，因此当消防员从各种渠道了解到一个救援事故案例的错误决策时，通常其谈话内容就会围绕诸如"究竟是什么导致他做出这样的决策？""如果指挥员是我，我会怎么做？"等等此类问题。决策的制定往往伴随着指挥员自身头脑中对于事故处理的风险和效益分析，尽管人们可能不完全理解权衡风险和效益的基本原则，但实际上人们每天都在下意识地去做，去评估生活中可能遇到的种种问题，只是人们没有意识到风险和效益分析对人们的行为的影响。

设想假设你所在的消防队需要出警处理一起沟槽事故救援，抵达现场后施工队的主管告诉你，这是乙类土壤，从今天早上开始就很稳定，但下午在一场大雷雨期间，施工队暂停了大约两个小时的工作，雷雨过后，当他们开始工作时，沟槽突然坍塌了。沟槽深4m，宽1.5m，现场条件潮湿泥泞，沟底有几十厘米深的水。作为第一个到达现场的消防队的负责人，你的责任是制定一个安全有效的沟槽事故救援计划。那么风险和效益分析的过程中，将需要评估以下问题：

1.你所带领的救援队伍的能力、经验和装备是否足以安全完成此次救援行动？

对于这个问题，作为指挥员来说，甚至应该在接警后、出警中就应该予以考虑，沟槽事故救援作为特种专业技术救援之一，其所要求的人员经验和装备是普通救援所无法比拟的，如果自身团队无法完成此类救援，应及时汇报请求增援，切勿盲目安排无任何相关培训经验的人员进入沟槽参与救援，这样做的风险毋庸置疑是大于救援行动所带来的效益的。

2.根据你可用的资源（人员和装备），需要立即做出哪些决策？

作为初战到场力量，合理地利用现有的人员和装备，以及事故现场的装备，做出合理的决策至关重要，切不可做出超出人员和装备能力的决策，否则将会导致事故现场混乱，甚至救援人员的伤亡。

3.被困人员处于何种状态？

作为一名指挥员，确定被困人员的生存状态是你的首要职责，处于低生存能力状态的被困人员应该等同于救援人员的低风险或无风险，因此救援人员不应冒着可能导致伤亡的高风险去换取营救已经死亡的被困人员这种低收益。简而言之，在开始救援行动之前，指挥员的一项重要工作就是评估每一种坍塌情况并确定被困人员的生存状况，进而确定采取进入式还是非进入式救援。

4.救援人员面临什么风险？

考虑到沟槽事故救援中所有因素，救援行动成功的可能性有多大？此外，救援人员面临的风险是否与尝试救援行动的潜在收益成正比？如图1-6所示，如果你质疑自己的判断，在风险收益对比中，风险是大于收益的，那么就应该谨慎对这一事件做出决策。

▲ 图1-6　风险与收益对比

因此，在任何情况下，作为指挥员，始终问问自己，是用理性的头脑思考还是用感性的心在思考？因为实际上大多数被完全掩埋的被困人员是无法在沟槽坍塌中幸存下来的。如果没有适当的保护机制，被困人员很可能会死亡，而消防员所做的任何事情都无法扭转这样的不幸，这种情况下指挥员的责任是确保救援队伍的行动不会造成额外的问题，正如图1-6所示，当风险大于收益时，则需要谨慎行动，否则消防员极有可能成为沟槽事故中下一个受害者。

第四节 沟槽事故救援准备

沟槽事故救援是众多特种事故技术救援的分支之一，特种事故救援技术还应该包括绳索救援、受限空间救援、车辆和机械救援、激流救援、水域救援、冰面救援、建筑结构倒塌救援等。这些不同的分支救援内容都有一个共同点，即由特殊的人经过特别的训练后，使用特种的装备去完成特殊的救援任务。因此如果不能将这些元素整合到一个有效的沟槽事故救援计划中，将会导致整个救援系统存在潜在的缺陷，甚至造成人员牺牲、救援任务失败，这些要素中的每一个都是团队成功的关键，如图1-7所示，就像着火三要素中的可燃物、助燃物、点火源一样，缺一不可。

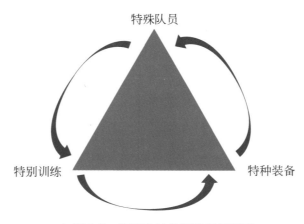

▲ 图1-7 沟槽事故救援准备三要素

一、特殊队员

在特种事故救援中，救援人员要求能在资源有限、异常危险和不可预测的环境中工作，且能够在任何情况下清晰、冷静地思考，善于运用自身的知识、经验去解决已知、未知的问题，因此救援人员必须拥有良好的身体、心理素质，能忍受激烈的训练和救援强度。此外，随着新技术的引入，救援人员必须能够保持终身学习的心态，不断提升自己的救援技术、团队协作能力。特种事故救援队伍队员的选拔通常从已经工作2～5年的普通消防救援人员中选取，其可以根据兴趣爱好，选取2～3项特种事故救援技术进行相应等级的培训，而每座城市的特种事故救援队伍可以根据该城市发生相应事故的概率进行组建，如沟槽事故救援属于相对发生概率较小的特种事故救援，因此针对中小型城市来说，拥有一支8人左右的沟槽事故救援队伍即可以满足该座城市的日常救援需求。

二、特种装备

对救援工作至关重要的是救援人员配备了安全有效地完成工作所需的设备。特种事故救援中使用的装备通常比较复杂且非常昂贵，需要频繁的人员培训来保持熟练程度。对于沟槽事故救援而言，救援过程中涉及使用木质装备、气动装备、液压装备、机动装备、绳索装备等，充分发挥这些装备的效能才能保证整个救援过程快速、有效地完成。此外，由于在沟槽事故救援中需要使用大量的木质装备，定制或者改装的车辆存放这些装备将会使救援更加有序。

三、特别训练

特种事故救援准备的第三个要素是特别训练，这是非常有必要的，因为对于所有队员而言，他们的特种装备必须一起有效运作，如果没有花时间去训练，当需要使用特种装备的时候，就会出现因为部分成员不熟练而影响团队效率的情况。此外，特种事故救援的训练也是分级进行的，从基础理论到实操操作，最后进阶到救援指挥，均需要经过不断地训练，不断地参与实操以提升救援经验，才能提升个人的特种事故救援能力。特种事故救援队伍的队员将不断被招募，他们的技能也将不断得到提升和磨炼，购买的特种装备也需要不断评估和更新，因此必须经常提供培训来支持整个特种事故救援队伍，且这种训练应该尽量在近似于实际特种事故救援环境中模拟进行，以最大程度提升训练的逼真性。如图1-8所示为实地进行的沟槽事故救援实操训练。

▲ 图1-8 消防救援人员进行沟槽事故救援实操训练

第五节　沟槽事故救援相关标准与法规

　　我国现行特种事故救援及救援人员资质的标准与法规与欧美发达国家相比并不完善，由于起步晚，即使有相关标准规范，基层消防救援队伍缺乏教育培训，并不了解如何执行此类标准规范。沟槽事故救援属于特种事故救援之一，由于出警的概率较低，其受重视程度并不如绳索、水域救援，类似于特种事故救援中的受限空间救援，其相关标准规范仍需要进行深入研究且贯彻执行，以达到切实规范沟槽事故救援行动的目的。本节从国内及美国相关标准出发，总结现阶段沟槽事故救援的标准规范，为消防救援人员提供合理的参考。

　　我国2012年由上海消防研究所起草了针对消防应急救援的一系列国家标准，分别为GB/T 29175—2012《消防应急救援　技术训练指南》、GB/T 29176—2012《消防应急救援　通则》、GB/T 29177—2012《消防应急救援　训练设施要求》、GB/T 29178—2012《消防应急救援　装备配备指南》、GB/T 29179—2012《消防应急救援　作业规程》。该类标准规范了危化品事故救援、建筑结构倒塌事故救援、水域救援、野外山岳救援、受限空间救援、沟槽事故救援等几类事故的处置方法和训练内容，其中将沟槽事故救援作为我国消防救援队伍应急救援需要掌握的一类专项救援技术。其中GB/T 29175—2012《消防应急救援　技术训练指南》对沟槽事故救援技术训练规范了训练目的、训练内容和训练安全要求。GB/T 29176—2012《消防应急救援　通则》中对沟槽事故救援进行了定义，介绍了沟槽事故救援处置技术涵盖的技术与方法，以及其适用条件。GB/T 29177—2012《消防应急救援 训练设施要求》中介绍了沟槽救助训练设施的构成、功能、建设要求和安全要求。GB/T 29178—2012《消防应急救援 装备配备指南》中将灾害事故类型分为了危险化学品事故、交通事故、自然灾害以及社会救助事件，规范了不同灾害事故应该配备的各类器材装备。GB/T 29179—2012《消防应急救援 作业规程》规范了沟槽事故救援的5个作业规程，即侦察检测、警戒疏散、安全防护、人员搜救及险情排除、现场清理。以上5个国家标准对于我国消防救援队伍开展沟槽事故救援训练具有一定的指导意义，指明了今后的研究方向，但以上标准难以在基层消防救援队伍中应用，救援人员也不了解此类标准，因此若将该标准应用于消防救援队伍的实战化训练中，还需要进一步的深化研究，加大对救援技术的研究以及建立完善的训练体系。

美国消防协会（National Fire Protection Association）针对沟槽事故救援有两项相关标准，即NFPA1006《技术救援人员职业资格标准》（Standard for Rescue Technician Professional Qualifications）与NFPA1670《技术搜索救援事故操作与培训标准》（Standard on Operations and Training for Technical Search and Rescue Incidents），其中NFPA1006－2017在第11章将沟槽事故救援人员所需要掌握的知识和技能分为认知级别、一般操作级别和技术操作级别，具有不同技术级别资格的消防员在现场处置过程中，承担的职责和任务也是不同的，如认知级别要求全部救援人员达到此级别要求，清楚沟槽事故，识别沟槽事故坍塌类型及其造成的相关危险，识别沟槽事故救援需求，认知阶段的救援人员一般不参与沟槽事故救援行动；一般操作级别则要求普通救援队伍救援人员达到此级别，此级别也可以理解为沟槽事故救援一级，达到此级别人员通常作为沟槽事故救援行动的辅助人员，负责如确定被困人员位置和生存情况、土壤鉴定、支撑板、支撑柱、护板和唇桥的使用、文本记录等非进入沟槽内部的救援工作；技术操作级别则要求沟槽事故专业救援人员达到此级别，此级别救援人员负责沟槽内整个救援行动操作，如支撑保护系统的安装、救援通道建立以及在沟槽内救援被困人员，这级别的救援人员通常还将接受其他特种事故救援技能培训，包括绳索救援、受限空间救援和建筑倒塌救援等，以丰富其特种事故救援的相关专业知识。NFPA1006标准附录还提供了沟槽坍塌类型、土壤类型、沟槽事故危险等知识，对于消防部门进行人员培训有很大的指导意义。区分NFPA1006和NFPA1670这两个标准的最简单方法是NFPA 1670适用于消防救援组织，NFPA 1006适用于这些救援组织中的救援人员。而NFPA1670也从认知级别、一般操作级别和技术操作级别三个维度去规定了消防救援组织应该如何培训各类特种事故救援人员，其第11章也描述了沟槽事故救援三个级别的培训范围，因此建议相关研究人员将NFPA1006与NFPA1670两个标准对应着去了解。

此外，美国职业安全与健康管理局（Occupational Safety and Health Administration）针对沟槽施工发布有标准29 CFR 1926 Subpart P，这一子部分是针对建筑行业制定的，其规定了土壤类型、沟槽支撑等内容，救援组织如何融入其中通常取决于当地职业安全与健康管理局的执法官员，该标准在不同司法管辖区的适用可能有很大不同。

实际上，对于标准、法规来说，即使是专家也很少能百分之百准确地告诉救援人员所有这些不同的标准和指导方针是如何影响消防救援组织的，对于任何一个救援行动来说，找到一个已经充分研究的标准，无论是国家标准、地方标准，还是其他标准，只要消防救援人员能充分利用它，都是很有意义的，因为这些指导方针都是以获得最大的效益和安全为出发点而编写的。

第二章

土壤分类、测试与土壤物理学

消防救援人员处理沟槽事故救援过程中会与各种类型的土壤打交道，沟槽坍塌后的土壤也是埋压被困人员的罪魁祸首，因此对于消防救援人员而言，为了做好沟槽事故救援工作，首先就需要其对于各种常见类型的土壤进行充分了解，其次还需要掌握土壤测试的方法，理解沟槽事故救援过程中坍塌土壤对于被困人员所造成的伤害，本章将重点围绕以上知识点进行介绍。

第一节　土壤分类

沟槽事故救援过程中消防救援人员需要进入到已经发生坍塌的深坑内部，因此在实施救援前需要进行土壤评估。土壤评估常用于识别土壤状况和与之相关的危险程度，其必须是一个简单快速的过程，通常应由一个有土壤评估能力的人进行一次目视测试和一次手动测试来确定，以评估任何潜在的坍塌风险，由于获得准确结果所需的技能、经验、设备和时间等条件限定，因此手动测试往往在救援过程中并不太实用。

实施土壤评估之前，首先需要对土壤进行正确的分类，土壤分类是指根据土壤自身的发生、发展规律，系统地认识土壤，通过比较土壤之间的相似性和差异性，对客观存在的形形色色土壤进行区分和归类，系统地编排它们的分类位置的过程。土壤按质地（土壤颗粒组成的比例）来说，一般分为三大类：砂质土、黏质土、壤土。在沟槽施工作业中，按照美国职业安全与健康管理局在 29 CFR 1926

Subpart P 中规定，土壤被分为 A、B、C 及其他类型土壤四类，每种类型的土壤都代表着不同程度的危险，当土壤中存在多层时，危险将由其最不稳定的层决定。

我国工程建设国家标准（GB/T 50145—2007）《土的工程分类标准》中规定，土壤的基本分类按照其粒径（土粒的最大直径）大小和不同粒组（介于一定粒径范围内的土粒）的相对含量，可分为巨粒土、粗粒土和细粒土三大类。粒径大于 60mm 的土为巨粒土，一般以石块的形式存在；粒径在 0.075 ~ 60mm 之间的土为粗粒土，主要以砾石和砂粒组成；粒径在 0.002 ~ 0.075mm 之间的土为细粒土，主要以粉粒、黏粒和胶粒组成。其中，巨粒土和粗粒土的土粒之间通过摩擦力结合在一起，细粒土的土粒之间通过摩擦力和黏聚力结合在一起，这些土粒间的结合方式不同，决定了影响土的稳定性因素不同，进而会对沟槽事故救援造成不同影响。

本书结合已有的规定，主要将土壤划分为以下几类：

一、稳定的岩石

从坍塌的角度来看，最不危险的土壤类型是稳定的岩石，如图 2-1 所示。这种土壤是一种天然固体材料，挖掘后依然可以保持原状。与岩石挖掘相关的危险通常涉及工人跌落或岩石砸伤等非坍塌性危险。

二、甲类土壤

甲类土壤是指无侧限抗压强度为 14.7tf/m^2（144kPa）或更高的黏性土壤。这类土壤包括黏土、粉质黏土、黏壤土、砂质黏壤土和

▲ 图2-1　稳定的岩石

▲ 图2-2　砂质黏壤土

胶黏土，如图2-2所示。但如果以上土壤存在下列情况，则将不被视为甲类土壤：① 土壤已经裂开了；② 土壤受到振动影响；③ 土壤存在被挖掘过的痕迹；④ 土壤受到其他因素的影响，需要将其归类为不太稳定的土壤材质。

三、乙类土壤

乙类土壤是指无侧限抗压强度＞4.9tf/m²（48kPa）但＜14.7tf/m²（144kPa）的黏性土壤。这类土壤包括角砾石、淤泥、粉砂壤土、砂壤土和砂质黏壤土，如图2-3所示。乙类土壤也可能是以前扰动过的甲类土壤，如在满足甲类的无侧限抗压强度要求的同时出现裂缝或受到外力振动（如在道路上行驶的车辆）的这类土壤可以归为乙类土壤。

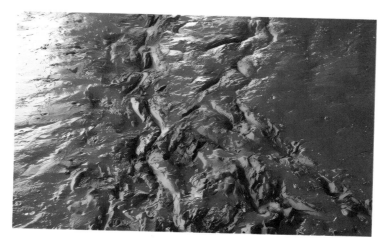

▲ 图2-3　淤泥

四、丙类土壤

丙类土壤是指无侧限抗压强度为＜4.9tf/m²（48kPa）或更低的低黏性土壤。这类土壤包括粒状土壤、沙子和沙壤土，丙类土壤还包括水下土壤和不稳定的水下岩石，如图2-4所示，丙类土壤的紧固程度是最差的。

▲ 图2-4 沙壤土

在沟槽事故救援中，可能会遇到其他未列入标准的土壤分类，如美国职业安全与健康管理局在29 CFR 1926 Subpart P中规定其他类型土壤包括C60和C80土壤。C60是指潮湿、黏性或潮湿、颗粒状的土壤，但不符合甲类或乙类分类，C60土壤可以被切割成几乎垂直的，并且在这种土壤中的沟槽可以被支撑足够长的时间以允许支撑系统的安装。C80型土壤由移动或可流动的土壤组成，这些土壤的稳定性不足以支撑系统的安装，由于我国没有类似的分类，因此针对这两种特殊类型的土壤这里只做简要介绍。

第二节　土壤测试方法

沟槽事故救援中要求具有土壤评估能力的人来测试和分析土壤，通常我们理解的有土壤评估能力的人接收过专业的培训且经验丰富，每天或者隔几天就进行土壤的视觉和手动测试。然而实际情况很可能是，救援人员通常接受简化版的土壤分析培训，在培训课程结束后也几乎没有机会去练习这些技能。因此在沟槽事故救援现场，救援人员很难去执行这种级别的严格的土壤分析并确定其分类，绝大多数救援人员都没有准确测试和分类土壤所需的培训和经验。故本章中实际上所讨论的土壤测试程序和方法旨在让救援人员了解建筑行业人员是如何测试和分析土壤的。救援人员推荐使用一种更简单的方法，在本节末尾的"救援土壤评估"部分进行了讨论。

一、视觉测试

通过检查已经挖掘出的土壤、形成沟槽壁的土壤和现场的挖掘场地，可以实现有效确定土壤分类的目视测试要求，当然土壤分类是基于土壤分层中最弱的土壤类型。检查挖掘出的土壤将确定土壤的初始黏结性，如果挖掘出来的土堆不能够维持较高的堆砌角度，则表面土壤黏性低且不稳定。一般来说混合土通常不会有黏性，相似或相同的土壤颗粒最有可能保持相互吸引。但是视觉测试最重要的区域是沟槽壁和沟槽边缘周围的区域，在沟槽壁上寻找分层土壤和土壤先前被扰动的任何迹象，如沟槽周围或内部有施工设施的存在，则表明土壤应该已经受到扰动。视觉测试还应确定沟槽壁是否包含可能暗示潜在坍塌的裂缝，暴露在外的沟槽中的裂缝则表明沟槽墙壁处于紧张状态，容易迅速释放能量并随后坍塌。沟槽中存在静止、渗出或流动的水时，应将沟槽土壤定性为丙类土壤来分析，水的增加势必会导致土壤的黏性降低。

二、手动测试

手动测试是通过一定的方法或设备来确定土壤的各种特性，并了解其受力时的相对强度，这些类型的试验用于验证关于土壤稳定性的各种假设。

（一）可塑性测试

土壤可塑性是指土壤在一定含水量时，在外力作用下能成形，当外力去除后仍能保持塑性的性质。可塑性测试是通过将潮湿或湿润的土壤样品模制成球，然后再将其卷成直径为0.3cm左右的细线来完成的，黏性材料可以卷成线而不会破碎。通常，如果一根5cm长，直径0.3cm的土壤线，可以在被抓住一端的情况下保持不会撕裂时，该土壤被认为是黏性的，如图2-5所示。

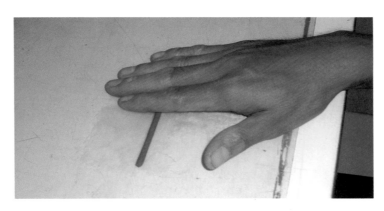

▲ 图2-5　土壤可塑性测试

（二）带状测试

土壤的带状测试在农业中经常被用于确定土壤中是否含有黏土、

壤土和沙子，如图2-6所示。该试验是用比较细的土壤进行的，将土壤在两个手掌之间来回滚动，此过程中可以在土壤上加一定的水，以便于其成型，直到形成一个大约2cm厚、15cm长的圆柱体，然后将圆柱体放在手掌上，用拇指和食指挤压圆柱体土壤头部到大约0.3cm厚，然后让挤压出的部分挂在手的侧面，接着继续从圆柱体部分挤压，看挤压出的带状土壤可以形成多长，通常带状部分越长，土壤中的黏土就越多。如果它形成较短的、断裂的带状部分，那么土壤中就含有壤土或沙子。一般砂质壤土可形成的带状土壤在1.5～2cm之间，壤土在2.5cm左右，黏壤土在4～5cm之间，不同密度的黏土可形成的带状土壤在7.5～10cm之间。此外在测试过程也可以用手去感觉，如果有沙砾感，则表明土壤里有沙子，如果呈现黏性，则表明土壤中有黏土。

▲ 图2-6　土壤带状测试

（三）干强度测试

干强度测试用来确定土壤开裂的倾向。取一小块土壤，在中等压力下，如果土壤破碎成单个颗粒或细粉，则土壤被视为丙类土壤。如果土壤是干燥的，变成块状，然后又变成更小的块状，但是这些更小的块状很难被打破，它可能是黏土与砾石、沙子或淤泥的任意组合，土壤可被视为乙类土壤。如果干土壤破碎成块，随后不破碎成更小的块，最初的块只能很困难地破碎，并且没有可见的迹象表明土壤裂开，则表明土壤中黏土含量较高，可被视为甲类土壤。

（四）拇指穿透测试

土壤拇指穿透测试可用于评估黏性土的无侧限抗压强度，如图2-7所示。但拇指穿透测试应在沟槽挖掘完成后，尽快完成该试验，以防止干燥的环境影响测试的土壤样本。测试方法是通过将大拇指放在暴露的土壤材料上并用力推动土壤来完成的。甲类土壤通常需要施加较大力才能穿透土壤，而丙类土壤用拇指则可以很容易地穿透几厘米，土壤块也更容易破裂成颗粒状。

▲ 图2-7　土壤拇指穿透测试

（五）干燥试验

干燥试验用于确定具有裂缝的黏性材料、未加压黏性材料和粒状材料之间的差异。该程序将直径约16cm、厚3cm的土壤样品在环境中静置，直至其完全干燥，而后将土壤样品用手打碎。如果需要相当大的力来破碎样品，表明土壤具有显著的黏性物质含量，应将土壤归类为未受压黏性材料。如果样品很容易用手打碎，其可能是裂开的黏性土壤材料，可能是粒状材料，为了区分两者，用手在样品上进一步粉碎干燥的块状土壤物，如果土壤块不容易粉碎，样品则是有裂缝的黏性材料。如果它们很容易粉碎成很小的碎片，这种土壤块就是粒状材料。

（六）实验室测试

土壤的实验室测试都是非常精确的，这样工程师和建筑师就可以准确地设计和建造桥梁、道路等其他设施，不会导致土壤下沉或建筑倒塌，但实验室测试在沟槽事故救援现场这种紧急情况下不太适用，这里仅做一般性拓展介绍。

实验室土壤测试开始于收集表层土壤以及使用空心钻在不同深度收集土壤。然后将样品通过筛子以确定其粗糙度，样品可以从筛子中穿过。通过了解样品大小的总体积，然后将样品通过一系列筛子，就可以按百分比确定样品的总组成。此外可以通过阿特伯格试验在实验室测定任意边界处土壤的含水量、塑性指数和塑性极限。土壤的无侧限抗压强度可以通过使用应变控制式无侧限压缩仪来确定，土壤的沉降潜力可以通过土壤固结试验进行测定。

以上试验均需要在实验室进行，而该领域中有一个非常常用的工具是核子水分密度仪，如图2-8所示。这种便携式工具便于野外施工人员实时检测土壤，其利用同位素放射原理检测土工建筑材料的密度和湿度。

▲ 图2-8　核子水分密度仪

三、沟槽事故救援土壤的评估

实际上，消防救援人员不应该在紧急情况下分析土壤，因为救援人员既没有时间也没有必要的技能来进行建筑工人必须进行的专业分析。因此，救援人员建立的每一种保护和救援系统都应该基于最糟糕的土壤情况，即丙类土壤。对于救援人员而言，与其说是了解特定的土壤类型，不如说是识别土壤特性，这些特性可用于确定每次救援事件中与土壤相关的风险水平。

这里介绍了一些确定土壤类型的现实操作指南，以便能够确定相应的潜在风险水平。视觉评估很简单，不需要特殊设备。而每种人工评估方法都基于土壤强度的两个非常重要的方面，即土壤的可破碎性和可成形性。

（一）视觉评估

首先，观察沟槽壁和沟槽边缘区域，有无活跃的土壤和土壤不再稳定的迹象，不稳定土壤的迹象包括沟槽壁内有凹洞，墙壁或边缘区域上有裂缝、脱落、松散的现象，以及沟槽壁底部三分之一处是否有膨胀区域，这些均是土壤不稳定的表现。

其次，仔细观察弃土堆中的土壤样本。如果单个颗粒很明显，那就是沙砾土。这种土壤不是很有黏性，因此沟槽有可能变得活跃。同样，如果观察土壤样品，很难分辨出单个的颗粒，那土壤很可能是有黏性的，这可能是一种不太危险的土壤。

再次，看看弃土堆本身在自重作用下所处的角度，如果挖掘出的弃土堆处于稍微陡峭的角度，其比不太陡峭角度的弃土堆土壤更具黏性，正是因为土壤存在黏性，弃土堆才可以被堆得相对陡峭一些。当然，不要忘记水分的影响，如果弃土堆本身堆放时间较长，导致水分蒸发，亦可以把曾经是黏性稳定的土壤变成危险活跃的土壤。

最后，如前所述，沟槽中存在静止、渗出或流动的水时，应将沟槽土壤定性为丙类土壤来分析。而如果沟槽附近有地表水的话，亦会增加沟槽壁的张力，需要防止地表水进入沟槽内部。

（二）手动评估

可成型性和可破损性是手动评估的关键，前文所述的手动测试方法可以运用。但为了评估土壤可成型性，一个快速的现场测试就是简单地采集土壤样本并慢慢加水，加水时，试着将样品模制成一个球。如果土壤在某种程度上是可塑的，那么土壤很可能是黏土。如果不能将土壤塑造成样品，那土壤中大部分是沙子，这就需要引起救援人员的注意。

为了评估土壤可破损性，可以找一个土块并用手抓握。如果土块破裂成分散的小块土壤，则土壤中大部分是淤泥；如果土壤块被抓握后不容易破裂，则土壤中大部分是黏土；如果土壤块被抓握后直接破裂成分散状的土壤颗粒，那土壤中大部分是沙子，也需要引起救援人员注意，这类土壤是最危险的。

（三）评估结果释义

如果救援土壤评估的所有结果都指向更稳定的土壤条件，沟槽可能不会有坍塌的危险。在这种情况下，应遵循标准支撑程序：

（1）用接地垫保护沟槽边缘区域；

（2）使用面板和支柱在受害者周围创建一个安全区域；

（3）扩大安全区为救援人员提供安全的工作区域；

（4）完成支护，并根据需要增加补充支护。救援支撑应该能够抵抗至少两倍于丙类土壤的力量。

如果救援土壤评估的任何结果指向更不稳定的土壤条件，沟槽中的被困人员和在沟槽边缘工作的救援人员可能面临坍塌的危险。这种危险程度随着每一个表明土壤条件不稳定的评估结果而增加，因此救援人员何时尝试进入沟槽内的决定是基于危险和被困人员的状况做出的。

第三节　土壤物理学

　　为了理解如何处理沟槽坍塌，有必要对土壤物理学有一个基本的了解。努力理解与沟槽坍塌原因相关的概念，将在保护沟槽或防止其进一步坍塌方面大有裨益。沟槽事故救援成功的关键之一是要认识到各种物理因素是如何相互作用，进而导致坍塌的。这些因素中，无论是单独的还是与其他物理因素交织在一起，都需要在沟槽事故救援之前进行评估，试图进行干预。

　　众所周知，重力是自然界的物理力量之一，将一切物体吸引到地球的中心。因此，如果在地面挖一个洞然后离开，这个洞最终在土壤重力作用下会将自己填满，因为土壤的内部压力最终会超过土壤的无侧限抗压强度。对于静止的地面来说，在任何层面，地面都在以相等的力向各个方向推动；反而言之，相邻的土壤也在以同样的力反向推动，这种平衡行为解释了为什么地面会保持稳定。而对于沟槽来说，当土壤中的一侧敞开时，相当于已经移走了它用来保持稳定的那部分土壤，沟槽中的深坑将作为周围土壤压力的出口，当土壤内聚力形成的无侧限抗压强度低于土壤试图倾入沟槽的张力时，沟槽周围的土壤势必会向内坍塌，无侧限抗压强度越高，说明土壤越黏，较低的无侧限抗压强度表示土壤黏性较低，更容易发生坍塌。

　　与土壤塌陷潜力相关的另一个重要概念是其真实或潜在的主动或被动移动趋势。一般来说，活跃的土壤有主动移动的趋势，这种移动可能是由于保护系统的移除或失效，或者仅仅是由于土壤无法承受其自身重量。被动移动的土壤正好相反，因为它没有移动的趋势。假设将1m³的土壤铺在直径为8m的圆形地面上，这一立方米土壤的潜力是被动的，没有主动移动的趋势，然而如果将同体积的土壤竖立起来形成8m高的柱子，那这些土壤势必就会产生活跃的潜力，呈现出主动移动的趋势，因此，在沟槽事故救援中，就要注意尽量避免产生活跃的土壤。

土壤是由固、液、气三相物质所构成的一种形态介于固体和液体之间的颗粒性半无限介质，如图2-9所示。土壤基质是固相，占土壤比重约50%，由矿物质和有机物质组成，是一个分散和多孔的体系。矿物部分包含了大小、形状和化学组成差异很大的颗粒，有机部分包含各种活的有机体及不同分解阶段的动植物残体。土壤颗粒之间的孔隙中含有水分，占土壤比重约25%，而这种水分实质上是含有许多化学物质的水溶液。这些化学物质有些从土壤矿物中溶解出来，有些从土表进入土壤中。这些水分既受到重力向下的作用，又受到固体基质表面的吸引力作用，从而将土壤的固相物质黏聚在一起。土壤中的气相物质存在于各种孔隙中，占土壤比重约25%，主要来源是大气，由于二氧化碳是植物根系呼吸及微生物对土壤中

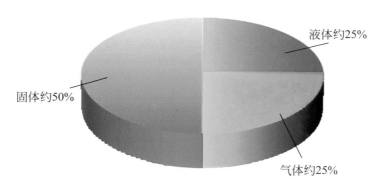

▲ 图2-9 土壤中成分及占比

含碳有机化合物分解的产物，因此土壤空气中二氧化碳浓度总大于大气中二氧化碳浓度，在根系呼吸和微生物活动强烈且通气不良的土壤环境中，二氧化碳的浓度通常高于大气二氧化碳浓度几百倍，且土壤中还会产生硫化氢和甲烷等还原性气体，因此沟槽事故救援中需要做好气体监测，否则会发生人员缺氧窒息或中毒等症状。

土壤容重也是沟槽事故救援中必须重点理解的知识点。土壤的密度有两个表示方法，一个是真密度，就是抛除所有空隙后，构成土壤的颗粒的真实密度，一般这个数值在一定的幅度内发生波动，这个主要和构成土壤颗粒的矿物质有关，第一章中进行过一定的探讨。另外一个就是假密度，就是所谓的土壤容重，容重应称为干容重，又称土壤假密度，指一定容积的土壤（包括土粒及粒间的孔隙）烘干后质量与烘干前体积的比值。这个假密度主要是包含土壤中的空隙，而这些空隙的变化很大，所以容重的变化也很大，一般的土壤容重变化范围在 $1.1 \sim 1.7 \text{g/cm}^3$ 之间。土壤中空隙的多少，与土壤被压实的程度有关。同一种土壤，被压得越实，容重就越大，越松软，容重就越小。同一个地方，土壤容重不同一般有两个原因：一是土壤类型不同。在成土过程中，不同的成土因素（气候、地形、生物、时间等）在不同的时间阶段作用不一样，所以在同一个地方，不同深度的土壤类型甚至可能是千差万别的，因此容重也可能千差万别；二是压实程度不同。如果土壤类型相同，但容重不一样，一般就是压实程度不同。比如，经常翻耕的表层壤土，其容重一般都在 $1.2 \sim 1.3 \text{g/cm}^3$ 之间。但是在耕作层之下，由于机械的压实作用，往往会形成一个 1.7g/cm^3 左右的犁底层。而对于沟槽事故救援来说，土壤的容重越大，则土壤稳定性越高，越有利于沟槽事故救援的进行。

此外，沟槽事故救援中还应考虑静水产生的复合重力效应。静水压是由于土壤剖面中加入水而增加的压力，干燥的土壤每立方米质量达1600～2000kg，当水的重量被加到土壤中时，产生的重量会令人震惊，在某些情况下，水饱和土壤每立方米质量可高达2600kg，而沟槽内最危险的部分是从底部往上大约四分之一的地方，沟槽底部有静水的话，会造成沟槽内土壤的压力变大，沟槽底部1.2～1.5m之间的区域是更容易发生坍塌的。

第三章

沟槽事故救援器材装备

对于消防救援人员来说，合适的个人防护装备和救援装备是确保沟槽事故处置过程中救援人员安全和事故处置顺利完成的保障，虽然救援人员的训练和经验可能使其在救援工作中具有初步的优势，但没有适当的装备，整体救援行动亦不应该被认为是成功的，正如前文所述，沟槽事故救援涉及较多的特种装备，因此本章将介绍沟槽事故救援中涉及的个人防护装备和救援装备。

第一节　个人防护装备

个人防护装备可分为两大类：消防救援人员身上穿戴的，提供肢体保护的装备，如救援服、头盔、手套等，以及救援人员佩戴的，通常不被视为标准发放的防护装备，如空气呼吸器等。救援人员至少需要一套分身或连体的救援服、手套、靴子、头盔和护目镜。其他装备，则取决于当时现场的救援环境，可能包括听力保护装备和安全背心，以保护救援人员听力和提高辨识度。

一、救援服

沟槽坍塌现场的消防救援人员需要各种防护服，以最大限度地减少天气所带来的影响和周围救援环境有可能造成的任何相关危险，对于大多数沟槽事故紧急情况来说，标准抢险救援服不仅仅可以为消防救援人员提供足够的皮肤保护，并且可以将队伍标识和反光条缝制在衣服上，以方便查看，如图3-1所示。抢险救援服过大或过小，或者只是比例不对，都会导致不适并限制活动的便捷性。理想情况下，消防救援人员应该尽可能舒适，这样他们才能集中精力在手头的工作上。但无论如何，防护服的最低水平应该是长裤和长袖上衣，短裤或短袖上衣不应该考虑，虽然炎热的天气下，短裤和短袖上衣会让人更舒适，不过沟槽内的各种杂物均有可能划伤皮肤。

▲ 图3-1　抢险救援服

二、手套

实际上，任何救援过程中，消防救援人员都必须佩戴手套，但是戴上手套后有时确实很难执行某些与救援相关的任务，沟槽事故救援也一样，救援过程中，汗液和泥土经常会混合进入手套内，这会让消防救援人员感觉异常难受，但佩戴手套可以为手提供耐磨和防扎伤的保护，建议沟槽事故救援人员最好佩戴皮革手套，这类手套柔韧防滑，足够舒适。灭火战斗服的手套是为灭火而设计的，因此在沟槽内佩戴这类手套试图使用工具或操作救援设备时会很不舒服，对于外围搬运木材的救援人员，可以选择佩戴，如图3-2所示。

▲ 图3-2　抢险救援手套

三、头盔

在沟槽事故救援中，最重要的防护装备是头盔，因为消防救援人员随时面临木头、石块、锤子或钉子可能造成的头部外伤，这样的风险比普通地面上的救援高出很多倍，为了便于在沟槽内操作，轻便的抢险救援头盔是最优的选择，其具有很好的抗冲击性、穿刺性能，可搭配防爆手电、通信系统、护目镜等装备，且重量轻，特别适合地震、森林、交通事故等抢险救援工作，如图3-3所示。

四、眼睛防护装置

眼睛防护对于沟槽事故救援工作至关重要，在沟槽事故救援环境中需要眼睛保护装置来阻挡土壤和其他碎片，图3-3中所示的头盔式护目镜或标准的护目镜均可以提供良好的眼睛防护，但要注意佩

▲ 图3-3　抢险救援头盔

戴头盔时要系紧，否则救援人员头部移动时，头盔就会晃动，进而导致眼睛保护装置无法跟随眼部移动，造成视线缺失。切记不要佩戴反光太阳镜，因为对于消防救援人员来说，通过眼神交流来确认行动是非常重要的。

五、靴子

消防救援人员应穿着高帮的抢险救援靴，如图3-4所示，其能有效保护救援人员避免钉子和其他尖锐的物品扎伤救援人员脚部，同时亦能防止救援人员踩在木材或其他设备时打滑而扭伤脚踝。

▲ 图3-4　抢险救援靴

六、呼吸防护装置

在沟槽事故坍塌现场，应始终考虑呼吸防护，消防救援人员在沟槽内和周围工作时，会受到尘土飞扬的影响，因此可以考虑使用防尘口罩，但如果有任何迹象表明可能存在有毒有害气体时，在进入沟槽之前，需要使用有毒有害气体检测仪对沟槽内部环境进行检测，而后救援人员佩戴自给式空气呼吸器或便携式移动供气式设备进入沟槽进行救援，同时利用空气置换设备对沟槽内部环境进行气体置换，防止被困人员吸入过多的有毒有害气体。本书中所涉及的训练场景及图片均不涉及沟槽内存在有毒有害气体，因此救援人员的呼吸防护在本书中未做重点介绍，不过沟槽事故救援实际场景中需要对此进行考虑。

第二节　沟槽事故救援作业装备

沟槽事故坍塌现场将需要许多不同类型的工具和设备，这些设备可能对于消防救援人员而言，很多人从未见过，本节的大部分内容集中在与沟槽事故救援工作具体相关的装备上。

一、沟槽边缘保护设备

沟槽边缘区域是一个非常不稳定的区域。土壤上的任何额外重量都可能导致沟槽的二次坍塌。因此，在从弃土堆中清除多余的泥土之前或之后，用护板或唇桥在沟槽边缘进行铺设，其可以将消防救援人员的重量分散到更大的区域，因此能更好地保护沟槽周边的土壤。为了更好地理解每平方米压力分布的概念，可以设想让某人光脚与穿上高跟鞋站在救援人员的脚上，很明显高跟鞋鞋跟带来的集中压力的影响是非常明显的，因此当救援人员站在沟槽边缘的一个地方而没有护板来分散其体重时，同样的原理也适用，沟槽边缘的土壤势必会受到很大的压力而变得危险，甚至会引起沟槽边缘坍塌。

几种类型的护板可以用来实现保护沟槽边缘的目的。最常用的是1.2m×2.4m的胶合板。这种护板可以提供一个很大的面积来分配重量，并提供一个相当好的操作平台。在某些情况下，一块0.5m×3.5m的护板也可以用作唇桥（图3-5），其主要优点是占地面积小，在沟槽边缘常存在弃土堆，因此救援人员需要在面积较小的区域工作，唇桥可以使得救援人员的重量分布在更小的区域，此外唇桥也可以用于横跨沟槽的桥梁，便于救援人员移动，同时也有利于搭建梯子，使救援人员进入沟槽内部。

▲ 图3-5 护板和唇桥

每种边缘保护装备都有其优点和缺点，因此无论决定使用哪种装备，切记如果在沟槽边缘上，永远待在边缘保护装备上面。虽然边缘保护装备有助于分散救援人员在沟槽边缘上的重量，但是不能消除沟槽脆弱墙壁上的负荷，如果沟槽边缘的墙壁过于脆弱的话，还是有可能发生二次坍塌的情况，边缘保护装备及其上的所有东西都有可能掉进沟槽里。

二、支撑板

在沟槽事故救援中，支撑板是由护板和加强柱组成的，其功能是承担沟槽墙壁土壤的荷载，并且将荷载分布到沟槽两侧的墙上，防止墙壁土壤滑落，为救援人员提供一个有效且安全的操作环境。通常选用白桦树木这种高强度、相对轻质且不导电的材料制成的护板较好，厚度在2.5～3cm之间。加强柱通过螺钉与护板连接在一起，加强柱选用实木制成，其作用是为救援工作提供更好的支柱压力分布，确保压力分布在一个平面上，同时也能为救援人员在下放、提升护板过程中提供辅助作用，其次如果支撑板高度无法满足沟槽事故救援的话，可以增加补充护板，此时加强柱将起到连接桥的作用，连接两块护板以增加支撑板的高度。如图3-6所示为救援人员正在安装增加了补充护板的支撑板，建议将加强柱永久连接到护板上，因为这种结构提供了更大的系统强度，且救援人员可以直接使用，无须进行再次安装。此外，为了便于使用和储存，同时降低支撑板碎裂的可能性，可以将支撑板的90°角切掉，也可以在支撑板上钻手孔或绳索孔，以帮助救援人员在沟槽中放置和调整支撑板的位置。

▲ 图3-6 安装增加了补充护板的支撑板

三、支撑柱

支撑柱是沟槽事故救援保护系统中的重要装备，其作用是将力从沟槽的一侧传递到另一侧，它们可以包括许多不同的材料和形式，每种材料和形式都有其自身的优点和局限性。

（一）木质支撑柱

最常见同时也是最古老的支撑柱类型是木质支撑柱（简称木支柱），如图3-7所示。木支柱通常用冷杉木材质，这种木材价格低廉，强度中上，易加工，具有较高的性价比。尺寸有10cm×10cm、10cm×15cm和15cm×15cm三种类型。木支柱尺寸越大，切割得越短，就越坚固。与其他支撑柱相比，木支柱具有成本低廉的优势，此外，它们可以轻松切成各种长度，但缺点是，木支柱的切割和安装非常耗时，并且在救援工作中效率有限。同时，大多数木支柱都

▲ 图3-7　木质支撑柱

需要从厂家进行订购，不要想当然地认为，当发生沟槽坍塌事故时，木材场可以随时找到合适长度和尺寸的木材。

（二）气动支撑柱

气动支撑柱是由轻质铝制成，其通过使用压缩空气来延伸支柱，延伸后，底部要么自行锁定，要么手动锁定，以防止在荷载作用下失效坍塌。气动支撑柱的优点是快速、坚固、可靠，其工作范围从0.9～3.7m不等，并带有许多延伸部分和附件，如延长柱、导管、减压器、控制器、底座等，如图3-8所示。目前气动支撑柱的生产厂商如赫斯特（Hurst）、派力克（Paratech）等。气动支撑柱的缺点是，通常沟槽事故救援中需要维持其整个支撑系统有效运行所需的支柱数量较多，而气动支撑柱的购置成本是较高的。此外，值得注意的是，气动支撑系统安装完毕后，大多数气动支撑柱的纵向剪切力仅为181.4kgf（1kgf=9.8N），因此切记不要站在气动支撑柱上面，防止支撑系统崩溃。

▲ 图3-8　气动支撑柱及配件

（三）液压支撑柱

液压支撑柱是一种将支撑和立柱组合成一体的支撑系统，整个系统从顶部下降到沟槽中，然后通过使用液压动力进行支柱的扩展。在完全受力后，从气缸处截断流体，将软管取下。液压支柱的优点是其可以完全从沟槽上方进行操作，并且底部搭配的立柱可以很好地使作用力分布在支撑板上。其缺点是，如果沟槽壁不垂直或接近垂直，液压支柱就不能很好地工作。

最后，螺旋千斤顶也可以作为支撑柱使用，一般与木支柱搭配使用，其是一种靠消防救援人员手动旋紧以形成紧密的沟槽壁到沟槽壁受力支撑的工具。螺旋千斤顶有时也称为管道千斤顶，其造价相对便宜，但与其他类型的支撑柱相比不是很坚固，特别是在跨度较大的沟槽中，螺旋千斤顶的牢固程度会大打折扣。

四、木质横撑柱

木质横撑柱用于跨越大面积的沟槽，通常置于支撑板正面的内部横撑柱是用于增强大面积沟槽内支撑板的强度，而置于支撑板背面的外部横撑柱则用于沟槽壁面坍塌后不垂直的情况，用来确保支撑板两面受力后处于竖直的状态。沟槽事故救援中木质横撑柱使用的最佳尺寸是17cm×17cm的层压木梁，当然尺寸越大越结实，层压梁内的多层提供了内部冗余，以克服木材中常见的缺陷（例如结、裂纹、裂缝）。如图3-9所示，救援人员正在对两根木质内部横撑柱进行安装，关于木质横撑柱的更多内容，将在沟槽事故救援支撑系统一章中进行讲解。

▲ 图3-9　救援人员正在对两根木质内部横撑柱进行安装

五、回填装备

回填装备主要用于填充因沟槽坍塌而离开沟槽壁的空缺洞穴，其通过将设备和材料放置在空缺中以替换缺失的土壤来完成，因为只有填充空缺后才能确保支撑板两端受力均衡，整个支撑系统稳定，有助于最大限度地减少土壤移动并分散对面墙壁的荷载。填充沟槽内的空缺洞穴，是沟槽事故救援支撑的基本技能，主要装备包括低压充气起重气囊及相关配件（图3-10）以及小型木质支柱，或者可以将回填土装入编织袋，再放入空缺洞穴以达到回填的目的。这些材料和设备的抗压强度应等于或大于应用区域的土壤压力，当回填物以一定角度安装时，如沟槽壁剪切塌陷时，需要解决剪切力问题，以防止回填物在受力后被挤出空缺区域，在这些情况下，系统强度将不仅仅取决于回填设备或材料的抗压强度。

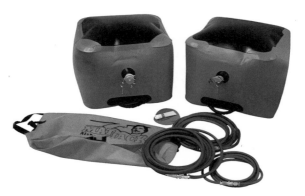

▲ 图3-10　回填装备——低压充气起重气囊及配件

六、铁锹

当处理沟槽周边及内部的泥土时，铁锹是必不可少的工具，在沟槽坍塌事故救援作业的初始阶段，需要使用铁锹来移动弃土堆并展平沟槽周围的区域，以便于平放护板，避免在救援现场造成绊倒危险。另外，如果沟槽内的被困人员被部分土壤掩埋，则可以将铁锹交给他，以便于其开始自救工作，实际上大多数有意识并被困在沟槽中的受害者，其开展自救是没有问题的。尽管铁锹在沟槽的顶部可能效果很好，但在沟槽的底部有时却难以施展开，此时可以选用小型的工兵铲（图3-11）对被困人员周围的泥土进行清理。

▲ 图3-11　工兵铲

七、锤子和钉子

沟槽事故救援中另外很重要的物品是锤子和钉子。锤子最好选用羊角锤，因为其可以兼具钉钉子和拔出钉子的功能，钉子则选用双帽钉，其可以在沟槽事故救援完毕后轻松用羊角锤将钉子拔出，便于拆卸收整装备，如图3-12所示。

▲ 图3-12　羊角锤和双帽钉

八、气动打钉锤

气动打钉锤也叫气动掌中锤、气动榔头，如图3-13所示，其是通过压缩空气为动力源驱动前端装置反复运动，将钉子钉在所需的位置上。该设备打钉速度快、效率高，可以有效帮助消防救援人员在沟槽内部制作救援支撑系统打钉固定时节省力量，避免狭小空间内部挥动羊角锤不便的问题。

▲ 图3-13　气动打钉锤

九、机动链锯

机动链锯（图3-14）常用于沟渠事故救援中木材支撑系统的救援行动，救援人员需要根据现场情况，利用机动链锯将方木切割成所需的尺寸，其比手工锯的效率要高许多，但在使用过程中，切记将切割工作站安置在相对远离沟槽事故事发地的位置，防止链锯切割过程中引起不必要的人员安全问题。

▲ 图3-14　机动链锯

十、无齿锯

无齿锯常用于沟渠事故救援中，消防救援人员可用其切断沟渠内部影响救助被困人员的金属线材、管材、型材以及各种混凝土石材等，其两张锯片反向旋转切割使整个切割过程无反冲力，其动力源有电动和机动两种形式，以达到快速切割、快速救援的目的，如图3-15所示。

▲ 图3-15　无齿锯

十一、气体检测设备

沟槽事故救援现场需要使用有毒有害气体检测仪对沟槽内的空气环境进行监测，如图3-16所示。沟槽内可能有各种城市管线，且沟槽过深的话，土壤中本身氧含量较低，二氧化碳容易积聚在沟槽底部，造成救援人员和被困人员缺氧窒息，因此需要不间断地对沟槽内部空气环境进行有效监测。

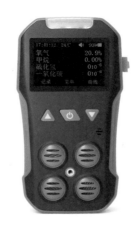

▲ 图3-16　有毒有害气体检测仪

十二、通风设备

沟槽事故救援中使用的通风设备通常是便携式电动排烟机，如图3-17所示。在使用时，可以用绳索将其捆绑并吊在唇桥下方，运用其正压送风面，即将风吹进沟槽，这样它就能够提供足够的新鲜空气进入沟槽内。天气热的时候，这种设备也能给沟槽里的消防救援人员提供一些降温帮助。但实际上，除非存在必要的有毒有害气体问题，否则不一定需要通风，因为如果外界环境很冷，通风可能会让救援人员和被困人员更冷，且通风设备也容易将沟槽内的土壤吹起，影响沟槽内的救援工作。

▲ 图3-17　便携式电动排烟机

十三、梯子

梯子在沟槽坍塌时可以用于多种目的，如在沟槽里放一把梯子，让被困人员自己爬出来，这种非进入式救援很常见，被困人员在极端情况下所迸发出的潜力往往是无限的。此外梯子最主要的功能是为消防救援人员提供安全的沟槽出口和入口，以便进一步搭建救援系统。梯子也可用作跨越沟槽桥梁，并为后续在沟槽上方进行的提升作业提供基础。针对一般的沟槽事故救援，轻便的铝合金梯子即可满足救援人员的需求，如图3-18所示。

十四、照明设备

在沟槽事故救援中，救援人员作业时间延长数个小时是很常见的，因此夜间作业除了强光手电、头灯等简易照明设备外，亦需要可以外部持续供电的强光照明设备，如图3-19所示的移动式自发电应急升降照明灯组。

▲ 图3-18　铝合金梯子

▲ 图3-19　移动式自发电应急升降照明灯组

十五、抽水设备

　　抽水设备对于控制地面渗漏和雨水径流的水是非常有必要的，沟槽中过多的水不仅会造成不舒适的工作环境，而且如果沟槽内聚积过多水分，还会损坏沟槽底部和边角，降低沟槽壁面的承载力度，因此消防救援人员有必要第一时间利用抽水设备抽走沟槽内的积水。由于沟槽内的积水会混合泥土，普通的抽水设备无法应对这样恶劣的作业环境。隔膜泵，亦称之为泥浆泵，是大容量的低脱水设备，即使在最恶劣的沟槽事故救援环境中也能经受住严酷的考验，如图3-20所示。

▲ 图 3-20　便携式泥浆泵

十六、绳索救援装备

由于沟槽事故救援中需要将被困人员从低洼沟槽中营救出来，而被困人员很有可能已经失去行动能力，无法从梯子自行爬出沟槽，因此为了防止救援中对被困人员造成二次伤害，消防救援人员需要使用绳索救援装备对被困人员进行营救，包括绳索、担架、滑轮、安全钩、扁带、鸡爪绳、三脚架等装备，如图3-21所示。因此高级别的沟槽事故救援人员要求掌握一定的绳索救援技能，以满足沟槽内部复杂的救援环境需求。

十七、模块化沟槽事故救援箱

模块化沟槽事故救援箱是已经预先安装好的，符合安全标准的金属箱体，如图3-22所示，其箱体中的模块式铝或钢支撑框架可根据挖掘沟槽的大小和将要安装的土壤类型，通过气动或液压的方式调节变换形状，该设备常见于在沟槽施工作业中为保护作业人员安

▲ 图3-21 常用绳索救援装备

全。模块化沟槽事故救援箱可以快速组装并下放到沟槽中，用作被困人员救援的隔离装置或救援人员的安全工作区域。一旦模块化沟槽事故救援箱建成，就可以用挖掘机将其放置到沟槽中。鼓励消防救援人员使用模块化沟槽事故救援箱，因为其救援效率会更高，并且其救援支撑系统可以抵抗极端的土壤条件，但需要注意的是，沟槽事故救援箱自身很沉重，必须用机械设备将其吊升起来然后再放置在沟槽内，沟槽周围机械设备的运作会增加土壤的扰动，极易引起沟槽二次坍塌情况的发生。

▲ 图3-22　模块化沟槽事故救援箱

第四章

沟槽事故救援评估

在沟槽事故救援中，事故救援评估是消防救援人员建立决策平台的基础，完成后将有助于确定一套有效的沟槽事故救援行动指南。事故救援评估可以分为三个阶段，从接警到达现场的过程中评估（接警评估），到达现场后的救援现场评估，以及在整个救援过程中持续进行的救援评估，本章也增加了一些特定于沟槽事故救援行动中应该考虑的因素，涉及的评估表格可参考本书附录A。

第一节　接警评估

消防救援站在接警时应该开始收集信息，初始信息来自接警调度员收到的报警数据，但实际上这些信息可能非常模糊，通常得到的详细信息非常少，因为沟槽坍塌事故是不常发生的，所以接警调度员对报警人的初步询问可能不够充分。因此在出警途中时，可以向调度员进一步询问并提示其他相关信息，或者直接与报警人取得联系了解相关信息。下面介绍一些经常会询问的问题。

一、发生了什么？

与报警人取得联系，并保持呼叫在线，询问发生了哪种类型的坍塌，坍塌范围有多大多深，有多少人可能被掩埋或被困，同时让其在现场等候不要离开。

二、为什么要挖沟槽？

如果涉事沟槽是为了一件小型的公共工程事务，那是一回事，但如果沟槽是为了建造大型的雨水排放管网，那就完全是另外一种情况，因此确定涉事沟槽的信息将表明挖掘沟槽的尺寸在坍塌前有多大，当确定沟槽类型时，亦可考虑是否呼叫增援力量或其他公共资源，如图4-1所示，大型的市政公共工程往往意味着大型的沟槽，危险性往往更大。

▲ 图4-1　市政公共工程意味着大型的沟槽

三、有无人员被完全掩埋？

在沟槽事故救援中被完全掩埋的被困人员幸存下来的概率很低，虽然不能完全排除被困人员还活着的可能性，但应该对这种情况予以重视，做行动方案时要基于风险和效益原则，避免因为盲目施救而导致的救援人员伤亡，同时也要清楚地认识到，如果沟槽事故涉及被完全掩埋的被困人员，整个营救过程可能会持续很长时间且很复杂。

四、有无除沟槽坍塌外其他类型的事故？

沟槽事故紧急情况可能不只有坍塌，也可能包括管网破裂导致的漏水、漏气、漏电等额外灾害，因此确定涉事沟槽的灾害范围可以使消防指挥员更加明确事故大小及处置难度，为提前呼叫增援力量赢得时间。

五、消防救援人员和车辆进入沟槽事故发生地是否困难？

如果沟槽事故发生地周围道路通行不便，或者属于封闭区域，需要从特定的出入口进入的话，则会延误救援人员抵达现场的时间，而一般来说，新的建筑区域或者公共道路区域很少涉及这种情况，因此向报警人询问此类信息也是很有必要的。

第二节 救援现场评估

到达现场后，指挥员仍需要完成沟槽事故信息的收集，并制定一个初步的行动计划。这意味着需要将从报警人那里收集到的信息与救援人员现场亲眼所见的信息结合起来。

一、现场谁负责？发生了什么？

寻找并询问现场的主管人员，此人将向救援人员提供沟槽的原始深度和宽度以及其施工时可能做过哪类保护系统，这些保护系统现在是否失效，此外，也需要知道被困人员在沟槽坍塌发生时在做什么，最后一次被人看见是在什么位置。

二、在现有装备和人员范围内，能否处置该沟槽坍塌事故？

指挥员需要衡量现有的救援器材装备能否满足涉事沟槽的深度和宽度需求，任何装备都有其局限性，切不可在能力不达标的情况失去理性分析而擅自行动，否则贸然进入涉事沟槽极易引发沟槽二次坍塌，消防救援人员也会成为二次坍塌的受害者。此外也需要衡量救援人员能力能否满足沟槽事故救援行动，任何救援行动的成功都有赖于训练有素的救援人员。

三、被困人员的情况如何？

现场需要确定被困人员的伤势有多严重，是否能够回应救援人员，在沟槽事故救援中，解救过程通常会持续很长时间，如果被困人员被坍塌土壤完全掩埋了，此时救援队伍所面对的则不再是紧急情况，因为其生存概率很小，而整个行动中亦不要让消防救援人员因为无谓的救援而受伤。

四、能否通过快速非进入式救援技术来进行救援？

非进入式救援技术在许多情况下是合适的，后续会对这项技术做探讨，其中最重要的是受害者已经死亡的情况。在这种情况下，进入式救援不会提供任何好处，此外如果遇到未受伤的被困人员，可以通过布置梯子，使其爬到安全的地方，因为在紧急情况下，一个轻微受伤的被困人员身上往往会爆发出极大的潜能。因此在评估救援方案时，在考虑其他更有风险的技术之前应先考虑非进入式救援方案。

第三节　救援过程中评估

对于救援人员来说，在沟槽坍塌救援现场中所做的一切都有可能让救援活动成为一个新的救援现场。因此，对于不断变化的情况进行持续评估是至关重要的，持续地评估将帮助救援人员预测潜在的风险，在充分评估情况之前切记不要贸然采取行动。

一、救援人员的行动计划是怎样的？

确保沟槽事故救援行动成功的主要方法是制定计划，沟槽事故救援行动计划是向救援队伍中所有级别人员传达要求的关键。从战略角度来看，明确阐述的任务目标有助于各级救援人员顺利完成整体的行动计划。例如，在沟槽事故救援前期行动中，可以有一些通用的战略目标，比如"合理利用人员和装备以安全有效的方式营救被困人员"，虽然该战略目标范围很广，但实际上已经陈述了决定用必要的装备和人员，使用这些资源来营救被困人员，所有这些都将以安全有效的方式进行。然而有一个明确的战略目标并不意味着救援人员知道如何从沟槽中营救被困人员，相反，它有助于制定战术目标，战术目标是实现战略目标的基础。例如，将哪个区域指定为救援区？哪个区域指定为一般区域？各个区域需要多少人？这些人分为多少个作业小组？每个作业小组的任务是什么？等等，此外，还需要详细说明以安全有效的方式营救被困人员的方法。

二、救援行动计划周期怎样？

沟槽事故救援行动计划是动态的计划，因为沟槽事故救援是动态的，当前的情况与几分钟或几小时后可能出现的情况是不同的。例如，在制定战术目标时，应考虑天气条件变化的可能性，坍塌区和救援区可能会随着事件的进展而变化，在沟槽坍塌场景中所做的一切都会让它成为一个新场景。因此对不断变化的条件进行持续评估是至关重要的，要积极主动而不是消极被动。

三、在寻找被困人员的过程中应该考虑哪些因素？

救援人员首先要寻找或期待找到的被困人员是在沟槽的末端，这个区域通常代表其最后一个工作地点。当然，最直接的是救援人员抵达现场后，有人会知道被困人员最后被看到的大致区域。如果坍塌发生在沟槽内部已有管道的末端，被困人员可能已经能够在塌陷前将部分身体进入管道中，救援人员应回到管道的起点或最近的入口，倾听被困人员发出的声音。但如果要进入管道进行救援，请注意这是一个受限空间救援，对于这种类型的救援，需要进行额外的考虑。

当被困人员的位置确定有问题时，在这种情况下，救援人员可以做的事情之一是使用在评估过程中收集的一些信息，想想被困人员在倒塌时在做什么。例如，沟槽边缘的一些工程作业工具可能位于沟槽顶部工人可以触及的地方，其他设备也是如此。如果被困人员的手机恰好处于铃声模式，也可以通过拨打其手机，通过声音大致判断其所在位置。此外，裸露的肢体也可以确定被困人员位置标志，然而要小心暴露的肢体可能不在人体的正常方位，在被困人员周围挖掘时要格外小心，直到确定其头部和胸部的位置。最后，在极端情况下确实很难确定被困人员的位置，也可以使用在地震坍塌救援中使用的人员定位设备，其也可以协助救援人员确定被困人员的位置。

四、是否有比较缜密的救援方案？

在进行任何行动之前，所有救援人员都应至少了解救援计划的大致框架，通过短会的形式对各级指挥员宣布方案，以及所有已知的危险、指挥结构、通信信道和战术目标。计划中同时也应涵盖其他组成部分，包括救援暂停、人员疏散的程序，以跟踪现场所有人员的位置和活动，成熟缜密的救援方案是确保救援行动有条不紊进行的关键。

第五章

沟槽事故救援现场操作

——第一阶段

从本章开始，将重点介绍消防救援队伍抵达沟槽事故救援现场后，如何开展救援处置工作，为了便于读者理解，本书将沟槽事故救援现场操作分为四个阶段，代表消防救援队伍到场后在沟槽事故救援前中后期应该采取的具体行动对策。本章首先针对沟槽事故救援现场区域划分，指挥体系建立，现场危险源评估、控制与监测进行重点介绍。

第一节　救援区域划分

沟槽事故救援区域划分是指通过合理的方法划分沟槽事故救援作业区域，规范布置区域内的消防救援小组，使消防救援人员明确各区域的边界范围及救援功能模块的设置，防止无关人员进入救援区域内引起不必要的混乱。划分方法是从危险化学品泄漏事故处置现场区域划分方法借鉴而来的，将救援区域划分为：事故中心区域、事故波及区域、警戒区域，分别用红色、黄色、蓝色对三个区域进行标识。与危险化学品泄漏事故处置区域划分方法不同的是，沟槽事故救援区域划分的界限不是依据危化品泄漏浓度，而是依据沟槽事故大小、救援功能设置、土壤扰动范围而划定的，具体如图5-1所示。

一、事故中心区域

沟槽事故中心区域是沟槽事故发生的核心地带，指距离沟槽事

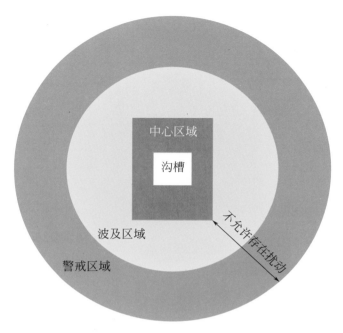

▲ 图 5-1　沟槽事故救援区域划分

故边缘30m以内的区域范围，该区域内的消防救援人员要求掌握中高级别的沟槽事故救援技术，需要完成的救援功能包括空气监测与置换、切割站的建立、支撑与保护系统的建立、救援系统的建立等。

二、事故波及区域

沟槽事故波及区域是指距离沟槽事故中心区域边缘60m以内的区域范围，该区域用于供轮流替换下来的消防员休息和存放沟槽事故救援需要用到的各类装备。沟槽事故救援往往持续较长时间且需要很多不同种类的消防装备，因此消防救援人员休息轮换以及合理规划放置各类沟槽事故救援装备是必不可少的。

三、警戒区域

沟槽事故警戒区域是指距离沟槽事故波及区域边缘100m以内的区域范围，该区域需设立警戒线，防止不必要的围观群众进入以影响沟槽事故救援工作，区域内可以设置沟槽事故救援指挥部，做好救援指挥工作的同时可以确保对外界媒体信息的及时发布。需要指出的是，从事故中心区域到警戒区域范围内均不能有任何土壤扰动情况的发生，暂停区域内一切可能产生土壤扰动情况的机器和设备，消防救援车辆亦需要停放在警戒区域外，之后消防救援人员将需要用到的器材装备抬至事故波及区域的存放点。

第二节 沟槽事故救援指挥体系建立

在相对大型的沟槽事故现场，则需要建立沟槽事故救援指挥体系，以避免事故处置现场出现混乱。沟槽事故救援指挥体系是对沟槽事故现场进行数据的收集、分析，对应急指挥进行辅助决策，对应急资源进行组织、协调、管理、控制的全过程指挥管理体系。对于任何指挥体系而言，总会有战略、战术之分，战略指挥相当于总指挥，是一种从全局考虑谋划实现全局目标的规划，战术只为实现战略的手段之一。战略是一种长远的规划，是远大的目标，往往规划战略、制定战略、用于实现战略的目标的时间是比较长的。战术指挥相当于事故现场指挥，是指导和进行救援的具体方法、具体战术应用。因此，沟槽事故救援指挥体系应对事故现场的消防救援人员的责任和权力，从战略与战术角度有一个明确定义，其对整个救援行动的高效与否、成功与否都起到至关重要的作用。如图5-2所示为沟槽事故救援指挥体系图。

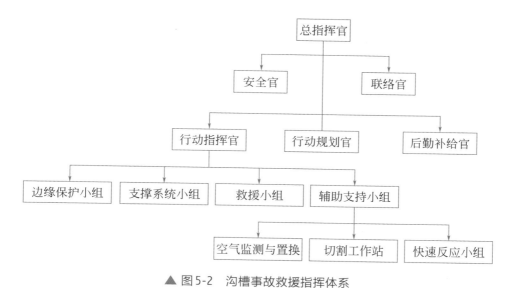

▲ 图5-2　沟槽事故救援指挥体系

一、战略指挥层面

战略层面更多的是决定需要做什么，而不是决定如何实施这些行动。强有力的战略管理是必要的，以确保战术人员有一个完成任务的总体计划，以及必要的设备和人力物力资源，以确保行动顺利和有效地进行。战略指挥级别包括总指挥官、安全官、联络官。总指挥官负责指挥战术指挥层面的各级指挥官，而安全官和联络官，其作用相当于辅助总指挥官。

（一）总指挥官

总指挥官负责根据最初的沟槽事故现场规模和随后的事故发展制定操作的战略目标，此人最终负责确定处理事故所需的所有资源的需求。例如，总指挥官可能会制定一个策略，指定使用哪种方法来救助沟槽坍塌事故的被困人员，之后总指挥官会根据实际救援情况，规划实现战略目标所需的各种资源。总之，总指挥官的职责就是为确保沟槽事故救援处置安全而处理内部与外部之间相关信息沟通的行政事务，这样才能为前方沟槽事故救援战术行动创造稳定的救援环境。

（二）安全官

安全官的职责是负责监督整个沟槽事故救援行动中的安全，发现不安全的行为，而且能够预测可能导致事故的行为活动，对总指挥提出建议。因为在沟槽事故救援中，战术行动执行人员的注意力总是集中在某一个任务点上，且在救援中很容易由于疲劳而忽视周围环境中存在的风险，而战略指挥官则需要在各方信息汇总后准确制定战略计划，因此整体救援行动中的安全工作是必须安排救援经验丰富的人来专门负责的，这样有助于发现救援行动中存在的隐患。在沟槽事故救援突发事件管理行动中，安全官有权中止或避免救援行动中的不安全行为。即使与其他机构的联合指挥行动中，不管有多少职权部门和责任机构参加，通常只能任命一个安全官，安全官员必须非常熟悉沟槽事故救援环境、潜在危害和战术行动。

安全官员的另一个非常重要的职能是进行安全简报，简报中涵盖的项目种类应包括但不限于停止所有操作的紧急信号、人员责任制度、救援环境问题以及救援工作特定类型的危险等。对于那些已经参与救援行动的成员，这些简短但非常重要的简报可以在救援人员轮换和休息期间进行，所有在沟槽事故救援现场工作的人员都应该认识到安全工作的重要性。

（三）联络官

联络官的职责是负责联系其他政府部门、机构、媒体、企业等，如其他可能需要参与到应对沟槽事故救援的机构包括警察局、公共事业承包商、电力公司、水利部门、医疗部门等。因此当沟槽事故属于中型以上事故等级时，除了消防救援队伍之外，许多机构都可能参与救援工作。当多个资源响应一个突发事件时，必须有人从所有相关方收集关键的机构间信息，同时缓冲总指挥被对决策过程中不重要的信息所淹没，以及应对媒体、舆论等沟通协调工作。联络官的工作不涉及被分配到沟槽事故救援具体行动中，其就是沟槽事故救援中外部信息汇总与应对的"桥梁"。

二、战术指挥层面

战术指挥层面通常包括行动指挥官、后勤补给官，但如果救援行动非常复杂，还需要增加行动预案官，为中型程度以上的灾害事故的科学处置进行行动预案的规划。行动指挥官的战术层面采用总指挥官制定的战略计划，并制定为成功实施战略计划所需的战术，因此这一级别决定了所需的实际技术，是非常重要的岗位。后勤补给官负责处理后勤补给、财务等方面的事务，为前方的救援行动提供物力和财力支持。行动规划官则负责在中型灾害事故救援中为前方的救援行动提供智力决策支持。

（一）行动指挥官

行动指挥官指导和协调所有救援工作的战术行动，旨在减少沟槽坍塌事故带来的危险、拯救生命、控制整体形势的发展。因此其需要制定各种战术以实现战略目标，组织、分配、监督各种人力、物力资源，使其发挥整体的最大作战效能，故如果在多个部门协同救援时，可以任命一个或更多的副手，以协助行动指挥官的工作。

行动指挥官的指挥链中包括为沟槽事故救援工作提供战术行动的各种任务小组，如边缘保护小组、支撑系统小组、救援小组、辅助支持小组，他们均是由有沟槽事故救援相关培训认证经历的消防救援人员组成的，将共同努力完成沟槽事故救援行动。但需要注意的是这几个小组的人员并不是完全固定的，如刚抵达沟槽事故现场时，救援小组的人员是无法即刻进入沟槽内开展救援工作的，此时救援小组的人员可以协助边缘保护小组尽快完成沟槽的边缘保护工作。而边缘保护小组的人员在完成相关工作后，亦可以随着救援工作的进行编入到救援小组或辅助支持小组中。具体的消防救援人员工作安排是根据其救援能力来确定的，不是所有参与沟槽坍塌救援的人员都能参与到具体的核心救援工作，大多数救援人员将进行辅助工作。

1.边缘保护小组

边缘保护小组的工作是在消防救援队伍抵达沟槽事故现场，接收到命令后，迅速在沟槽边缘安装护板和唇桥，如果沟槽边缘有过多的弃土堆，还需要使用铁锹清理弃土堆，以便于安装护板和唇桥。

2.支撑系统小组

支撑系统小组的工作是消防救援人员利用支撑板、各种类型的支撑柱、低压气囊、梯子、双帽钉、羊角锤等器材搭建沟槽内部的支撑系统，被指派进入这一小组的救援人员需要有很强的手工技巧，并熟练使用锤子、钉子和其他手工工具，且需要有较好的体能，因为搭建支撑系统的过程中需要救援人员进入沟槽内部不停地调整与安装支撑柱，体能消耗很大。

3.救援小组

救援小组的任务是负责实际解救被困人员，并负责协助营救所需的所有活动。如果被困人员没有被土壤埋压，救援小组则可以通过绳索救援技术，搭建绳索救援系统将被困人员从沟槽内解救出来；如果被困人员被土壤埋压，则首先需要确定被困人员的位置，之后利用铁锹等装备将被困人员从土壤中营救出来，再利用绳索救援装备解救出沟槽。

4.辅助支持小组

辅助支持小组的任务是为沟槽事故救援工作提供各项辅助支持功能，具体包括以下三项：

（1）沟槽内空气监测与置换　如果在沟槽内存在有毒有害气体，则需要安排1～2名救援人员专门处理此项工作。如果救援人员通常检测过沟槽内空气质量合格，且排除沟槽内存在空气环境风险后，则无须安排专人进行不间断的空气监测。

（2）切割工作站　切割工作站主要负责所有木制品的切割和制

造，如楔形物、木支撑柱和横撑柱。因为沟槽坍塌后的尺寸是千变万化的，支撑系统小组的救援人员需要随时丈量沟槽内部的尺寸，这样才能明确各种木制品的尺寸，切割工作站的救援人员则会根据实际情况，将方木切割成对应的尺寸，为了实现这一功能，切割工作站需要有能力操作各种锯子的救援人员，通常 2 ～ 3 人可以满足切割工作站的需求。

（3）快速反应小组（RIT） 在任何沟槽事故救援行动开始之前，快速反应小组都应该做好准备，这样即使发生沟槽二次坍塌导致消防救援人员遇险的情况，快速反应小组就可以以最快的速度参与到营救救援人员的事务中去，因此，要确保快速反应小组的人员不会卷入到沟槽事故救援活动中，但又足够靠近事发现场，以便了解沟槽事故救援进度和在需要时可以立即提供支援服务。此外，因为沟槽事故救援并不是每天都发生，所以应该考虑轮换快速反应小组的人员，让所有人员都能获得沟槽事故救援的经验。

（二）后勤补给官

后勤补给官需要不间断跟踪沟槽事故救援资源的使用和消耗，并向总指挥官提出建议，以防止整个救援操作过程中所需设备、材料和人员的短缺。通常大多数沟槽事故救援专队只携带足够的救援装备以满足一般的沟槽坍塌事故。如果涉及更深、更宽和更复杂的沟槽坍塌事故，则需要额外的救援装备，况且这类事故的处置通常需要几个小时才能解决，这就产生了对食物、水、休息场所、油料、供电等需求。后勤补给官需要管理相关人员做好后勤保障工作，对相关资源产生的费用做好财务工作，且需要有提前预测这些额外需求的能力，以避免救援人员的不时之需。

（三）行动规划官（非强制）

行动规划官主要负责对沟槽事故救援的信息和情报进行搜集、评估、分析并向总指挥进行汇报，为整个救援活动提供智力支持，这个过程包括对所有资源的信息进行监控和汇总，现场情况的显示与分析并绘制现场情况地图，维护和保存所有与沟槽事故救援时间相关的文档，并且必要时组织专家组对救援情况进行研判。当然行动规划官并不是强制的，在相对小型的沟槽坍塌事故中，这一职位可以并入行动指挥官的管辖范围，但如果是中型以上的事故，为了避免指挥幅度过大而引起的指挥混乱情况的发生，最好将行动规划这一职能单独设立并与行动指挥保持平级。

第三节　现场危险评估、控制与气体监测

一、现场危险评估与控制

沟槽坍塌事故现场的评估与控制也是沟槽事故救援第一阶段所需要做的工作，具体的评估方式方法可参考第三章与附录A。沟槽坍塌事故危险控制实际上是评估后的阶段，可能影响消防救援人员操作的许多不同的危险都可以分为两种类型：能够控制的危险和应该置身事外的危险。在行动指挥官下达任务之前，救援人员需要注意那些易于控制且在专业知识范围内的危险，这些危险可能与车辆位

置、弃土堆移动和现有装备设施有关。应该置身事外的危险则属于超出消防救援人员处置能力的危险，应由专业人员进行处理，如电气危险。危险可以分为五类：机械、化学、人为、电气和水。常规做法是，在沟槽塌陷区域挖掘之前，对于不确定但可能对救援行动有影响的公共设施进行颜色标记，而后可以通过联系当地公共事业单位进行识别和处置。

（一）机械危险

沟槽事故救援现场各种机械装置都可能对救援人员构成威胁，因此在救援开始前，应确保将现场所有机械装置都切换到静止状态，这意味着要消除任何可以激活机械装置的可能性，具体包括将钥匙从机器中取出，锁定机械设备，以及将机械设备移除等，如图5-3所示，该图中的挖掘机位置对沟槽稳定性明显存在机械扰动危险。

▲ 图5-3 沟槽现场存在的机械危险

（二）化学危险

消防救援人员应该提高警惕，总是假设在挖掘作业中可能会发现一些危险的化学物品，因为工人可能在沟槽中作业时携带化学品，以便在预期的工作活动中使用，包括用于机械的汽油、用于清洁的溶剂和用于管道连接的胶类化学品等。因此，不要主观地认为沟槽内是安全的，而是要不断地进行沟槽内空气监测，如果发现有化学品，要第一时间将其从沟槽内部、边缘移除。

（三）人为造成的危险

人为造成的危险通常是沟槽事故救援的首要原因，其包括工人正常工作的所有事情，但这些事情要么没有按计划进行，要么在操作的某个阶段被证明是危险的。人为危险包括弃土堆堆放位置危险和沟槽设备相对于沟槽开口的定位位置危险、沟槽保护系统不足以及安装程序危险等，对于此类危险则需要救援人员在救援过程中不断去修正，如图5-4所示，图中的弃土堆堆放明显靠近沟槽边缘，易造成沟槽边缘坍塌。

▲ 图5-4　沟槽现场弃土堆位置危险

（四）电气危险

电气危险属于消防救援人员应该远离的危险，也就是说，要远离接触沟槽内外的电线、电缆等设备，如图5-5所示，沟槽内埋入了电线管路等带电设备。除了切断电路之外，最好让专业的人对电力进行控制，还应注意静电对裸露天然气管道的潜在危险，通过用多条湿毛巾包裹管道并拉伸毛巾接触地面可以将管道接地并消除静电。在暴露的电话线周围操作时也要保持警惕，它们携带的电压亦可能会导致接触者受伤，此外对于带到现场的电力设备也要小心，如照明设备、风扇和辅助电源等，做好此类装备的管理。

▲ 图5-5　沟槽内的电线管路危险

（五）水的危险

无论是地下水还是雨水，在沟槽坍塌的现场，水对于土壤来说都是一种危险因素，如图5-6所示。如果在沟槽事故救援现场雨水即将来临时，则应该考虑为沟槽盖一个盖子，并建立转移雨水的方式，将雨水排除出去，底线是将沟槽中现有的水用排水设备排出，并尽最大努力确保没有额外的水进入沟槽内部，否则沟槽内部土壤受到水的作用，极易导致二次坍塌发生。

▲ 图5-6 沟槽内的积水危险

二、沟槽事故救援中的气体监测

如果沟槽内涉及有毒有害物质，在不间断的救援过程中，均需要指定经过培训认证的专人负责气体监测工作。如图5-7所示，应该在沟槽内部和周围利用大气监测和取样设备提供定期监测、记录读数并报告给救援人员，为救援人员提供安全保障，当然这种监测不局限于可立即威胁生命和健康的气体浓度，而应同样包含氧、二氧化碳等指标，作为沟槽通风战术的指南。

▲ 图5-7 利用有毒有害气体检测仪监测沟槽内大气情况

同样当沟槽事故救援现场涉及有毒有害危险物质时，沟槽事故救援区域的划分则同时应该兼具满足危化品处置救援区域的划分方法，可以用"重危区"、"轻危区"和"安全区"这样的专业术语来划分救援现场。"重危区"位于事故发生的直接区域，表示区域内的救援人员需要穿着重型防化服等高规格装备进行处置；"轻危区"是介于安全区域与事故发生区域之间的区域，救援人员需要穿着轻型防化服在区域内工作；而"安全区"则远离事故，代表区域内空气是安全的，救援人员无须穿着防化服。划分区域需要通过仪器对大气进行监测来确定。

救援行动的大气监测应该按照一定的顺序进行，除非高度怀疑存在放射性物质，否则通常不会监控放射性危害，大气监测的顺序一般如下：氧含量、易燃性/可燃性、毒性。此外要始终在沟槽的多个层面进行监测，因为气体混合物可以在沟槽的不同位置积聚，例如，甲烷通常比空气轻，会从沟槽中飘走，而一氧化碳的密度与空气大致相同，它往往位于沟槽中部或在空气中扩散，但硫化氢比空气重，很容易聚集在沟槽底部。同时要注意的是，对于任何易燃气体来说，即使浓度低于爆炸下限，都有可能对救援人员造成危险。

最后，在移除有毒有害气体产生源头后，通风换气是沟槽事故救援行动中有效的危险控制方法，因为通风置换空气速度快，而且易于实施和监控。然而，并不能指望通风在任何情况下都有效，必须以监测仪器显示器上的读数为指导，根据事实做出决定。当在沟槽事故救援中使用通风置换作为气体危险控制方法时，必须考虑外部温度以及通风对被困人员和消防救援人员的影响，因为在交叉沟槽中往往可能需要多个风扇或正压式送风机来完成通风置换工作，如果外部环境过低的话，通风置换会使被困人员和消防救援人员加速身体热量的散失，进而导致人员伤亡事故。

第六章

沟槽事故救援现场操作——第二阶段

本章沟槽事故救援现场操作第二阶段同样为沟槽事故救援的前期阶段，在消防救援人员划分救援区域、建立指挥体系、评估沟槽内部风险后，应采取相应的手段以保护沟槽边缘，清理弃土堆，建立切割工作站等工作，为后续进入沟槽内部进行救援作业打下坚实的前期基础。

第一节　沟槽边缘保护及弃土堆清理

沟槽的边缘保护和弃土堆清理是消防救援人员正式开始救援工作，近距离接触沟槽之前首先应该进行的工作，在前面沟槽事故救援装备章节中，讨论了可以使用护板和唇桥在沟槽周围应用，以分配救援人员和装备的重量。在面对不同沟槽坍塌情况时，救援人员需要决定哪种沟槽边缘保护器材适合哪种情况，例如，在较开阔的平地上可以使用护板对沟槽边缘进行保护，而在有弃土堆的沟槽边缘则可以使用唇桥对沟槽边缘进行保护，下面将探讨沟槽救援边缘保护装备——护板的正确安装方式：

（1）无论使用哪种沟槽边缘保护方式，首先从较窄沟槽的拐角处接近沟槽，窄沟槽的拐角处是最稳定的；

（2）选择相对较平整的区域放置第一块护板，护板边与沟槽边缘大致相齐，救援人员站在护板上，切记始终正面或侧面面向坑道，继续清除沟槽边缘未受到护板保护的区域，清除大颗粒的碎石等容易影响护板稳定性的杂物；

（3）救援人员接过同伴递来的护板后继续放置第二块护板，确保与第一块护板相平齐；

（4）重复此过程，直到所有沟槽边缘都安装好护板且都处于正确位置。注意救援人员在沟槽边缘工作时要始终站在护板的范围内。护板在沟槽边缘搭建完毕后如图6-1所示。

▲ 图6-1　护板搭建完毕

安装沟槽边缘保护装备——唇桥及清理弃土堆，需要按照下面的步骤操作：

（1）从较窄沟槽的拐角处开始放置护板，为安装唇桥及清理弃土堆创造一个安全区域；

（2）救援人员站在护板上，用铁锹清理沟槽边缘的弃土堆，即将沟槽边缘土壤向远离沟槽的方向移动，确保经过清理后的弃土堆边缘与唇桥边缘保持0.6m的距离。如图6-2所示；

（3）救援人员清理完可以触及的弃土堆区域后，从护板上安装唇桥，继续站在唇桥上清理余下弃土堆，然后移动唇桥，直至单根唇桥全部安装完毕；

▲ 图6-2　弃土堆清理

（4）重复上述操作，直到沟槽边缘的弃土堆全部清理完毕，唇桥安装完成。注意清理弃土堆时严禁背对着沟槽工作。

第二节　切割站的建立

当沟槽坍塌救援需要用到大量木质装备时，消防救援队员应该考虑建立一个切割工作站，其作用是便于丈量和切割木支撑柱、楔子等木质器材。救援人员使用锯子、锤子、钉子等设备，只需要几分钟就可以将切割工作站组装起来，而之后切割工作站将为救援人员在整个沟槽事故救援过程中节约大量的时间。

切割工作站的两面可以使用胶合板，内部的支撑框架则可用木支撑柱，不过要确保切割工作站距地面至少15cm，其顶部可以安装不同的滑道来保证用锯子切割时木材保持稳定，也可以在滑道上标记常用的尺寸，这样就不需要消防救援人员每次都用尺子丈量木材。要建立切割工作站，需要按照以下步骤进行操作：

（1）将截面10cm×10cm的木支撑柱切割为三根，长度在1m左右，作为切割工作站内部横撑；

（2）将三根横撑平铺在胶合板上，横撑间距平均分布，顶部盖上胶合板，并用钉子将胶合板与横撑钉牢固，将切割工作站翻面后用钉子将另一面钉紧；

（3）根据现有场地的木支撑柱的尺寸，在切割工作站上安装滑道，并用铅笔标记10cm、20cm、30cm、50cm等常用尺寸；

（4）切割工作站制作完成，如图6-3所示。对于大型的沟槽坍塌现场，也可以为切割工作站安装支腿，这样消防救援人员相当于在桌面上进行木质器材的切割工作，更加方便和舒适。

▲ 图6-3　救援人员在切割站上对木材进行切割操作

第三节　确定救援方式

一、非进入式救援

在沟槽坍塌救援中，消防救援人员应首先考虑非进入式救援，其适用于被困人员没有被土壤掩埋的情况，这种方法看似很简单，但被困人员的自救始终是降低消防救援人员风险的首选方案，因为这种方案是最快最容易实现的，且被困人员求生欲所迸发出的潜力是无限的，沟槽坍塌事故中随着时间的流逝，二次坍塌的可能性就会变大。最好的非进入式救援情况是被困人员只需要一把梯子就能爬出沟槽，而如果被困人员受伤了，无法爬出沟槽，只能部分自救，则可以将便携式救生吊带用绳索放入沟槽内，消防救援人员指导其穿着、固定吊带，然后回收绳索将其通过梯子拉回到安全的地面。在其他情况下，非进入式救援也可以通过机械设备上的长臂平台而实现，这种设备可以垂直移动被困人员，但需要考虑这种机械设备在沟槽事故救援现场操作的安全性，机械设备的运转肯定会造成一定程度上的土壤扰动，对沟槽的稳定性造成影响。

二、进入式救援

如果被困人员身体被土壤埋压，无论部分掩埋还是全部掩埋，消防救援人员均需要考虑进入式救援方案，而该方案首先需要考虑的是，安装便于进入营救被困人员的梯子，安装梯子的位置要求离被困人员位置较近且沟槽边缘相对完整，如救援条件和人员允许的话，亦可以从两个方向安装梯子，这样两组人员同时安装沟槽事故救援支撑系统，可以更加快速地完成救援工作。

安装梯子需要按照以下步骤进行操作：

（1）救援人员将支撑板上的加强柱作为桥梁，搭在已完成沟槽边缘保护的护板上，位置选择离被困人员位置较近的地方，然后桥梁两侧分别用两个双帽钉，将桥梁与护板钉紧，确保桥梁不会移动位置；

（2）救援人员将梯子放入沟槽内并斜靠在桥梁上，用扁带缠绕固定桥梁与拉梯的梯磴，制作水结收紧扁带，如图6-4所示；

▲ 图6-4　进入式救援安装梯子

（3）将救援人员的保护绳索一端绳头缠绕梯子上部的两个梯磴两圈，绳头位置制作双圈八字结并钩挂安全钩，安全钩钩挂在梯磴上，以备救援人员进入沟槽时使用，如图6-4所示。

第四节　简述进入沟槽前的准备工作

在支撑系统小组进入沟槽之前，行动指挥官应向管辖的所有人员，包括边缘保护小组、支撑系统小组、救援小组、辅助支持小组的人员提供操作前的简报，这相当于一场小型的简短的会议，会议中的关键因素是要使得每名救援人员在行动前都能够再次统一思想认识，确保接下来的救援行动高效。简报的信息应至少包括以下内容：

（1）救援行动的整体战略目标；

（2）为达到战略目标而需要实现的战术目标、任务；

（3）每个任务小组的领导及组员分配；

（4）安全要求，包括紧急停止信号和紧急逃生路线，以及介绍安全官及其权利和责任；

（5）回答救援人员的疑问。

需要指出的是所有直接参与救援工作的人员均应该到场参加简报会议，一旦简报会议结束，人员和任务分工就要分别开展实施，而相应的问责机制也会启动，如果任何一项工作完成不到位的话，也会考虑事后的追责工作。

第七章

沟槽事故救援现场操作

——第三阶段

消防救援人员在完成沟槽事故救援现场操作第一、二阶段后，则意味着救援人员可以进入沟槽内部开展更进一步的救援工作了。第三阶段代表沟槽事故救援的中期阶段，是整个沟槽事故救援过程中最重要、最核心的阶段，本章将围绕如何搭建沟槽事故救援支撑系统进行重点介绍，此外对于沟槽事故救援现场常见的直壁型、L型、T型沟槽事故救援支撑系统进行了深入的探讨。

第一节　沟槽事故救援支撑系统简介

沟槽事故救援中使用的支撑保护系统包括支撑板、支撑柱、横撑和回填装备，将这些装备安装在坍塌的沟槽中或周围，可以为沟槽事故救援提供支撑，防止沟槽发生二次坍塌，对被困人员造成二次伤害。对于沟槽事故救援来说，本章亦是沟槽事故救援的核心操作部分。沟槽事故救援支撑设备的基本设置可以有多种不同的方式，掌握它们的用途并理解其局限性对于消防救援人员来说至关重要。

一、沟槽事故救援支撑系统基础

在沟槽事故救援领域，实际上救援人员使用的支撑技术是从地下建筑行业演变而来的，虽然沟槽事故救援支撑和建筑行业的支撑有一些相似之处，但也存在一些显著的差异。下面对建筑支撑和救援支撑之间的几个区别进行探讨，因为成功的沟槽事故救援支撑需要了解这些差异，以及正确应用沟槽事故救援支撑的基础知识。

（1）救援支撑必须关注受害者的需求，由于沟槽坍塌后其墙体的土壤已成为活性土壤，因此要为受害者提供防止沟槽二次坍塌的即时保护，通常需要使用背离传统建筑支撑的方法。

（2）用于建筑目的的支撑板、支撑柱等，均为在建筑活动开始之前安装，其通过在挖掘过程中、挖掘后不久，甚至挖掘前安装支撑来实现，在这种情况下，建筑厂家所给出的列表数据和施工支撑技术是有指导价值的。而相比之下，消防救援人员面对的往往是已经变得活跃并且通常已经坍塌的土壤条件，常规的建筑施工列表数据和施工技术可能不是救援支撑的最佳选择。实际上，用于救援支护的方法、技术和设备相当有限。虽然建筑工人通常会使用打桩、安装护板和沟槽事故救援箱等技术，但这些技术需要大量材料和重型设备进行安装，相比之下，救援人员为了安全起见，更倾向于手动安装的各种支撑设备。

（3）沟槽事故救援支撑是指为解决沟槽坍塌的支护技术，但这种技术仅限于深5m的沟槽，且土壤条件为甲、乙、丙类。基于这个原因，成功的沟槽事故救援队伍开发了一种默认的、通用的救援支撑方法，他们把这种方法作为其首选方法。采用默认救援支撑方法的好处在于，这种方法实践良好，设备的放置能快速部署，足以应对遇到的大多数沟槽坍塌救援事件。建立默认方法时，需要确保满足以下条件标准：

① 可通过携带的支撑设备来完成沟槽事故救援，且设备可以满足最极端土壤类型——丙类土壤的坍塌作用力；

② 可快速部署，以保护被困人员免受二次沟槽坍塌的伤害；

③ 可分阶段实施，首先保护被困人员，其次创建安全区域让消防救援人员工作。

二、沟槽事故救援支撑系统安装策略

沟槽支撑是指通过指导工作人员安装专门为沟槽的尺寸、形状和条件设计的支撑系统，因此，当整个支撑系统就位时，分配的支撑任务的顺序将与工作系统如何运行相适应。这些做法对于为公用设施维修或安装而挖掘沟槽所进行的支撑来说是很好的，因为工作人员可以在进入沟槽之前等待所有支撑系统组件到位。

但这种基础工程施工的支撑思想是不适用于沟槽事故救援行动的，主要问题是因为用于地下建筑支撑的程序没有解决涉及沟槽事故救援中最重要的支撑要素，即保护被困人员。一个基本的沟槽事故救援支撑系统安装策略应该总是从保护被困人员开始的，该策略必须以此为基础进行扩展，从而为救援人员创建一个安全的工作区域，整个救援支撑系统应随着救援过程中为保护救援人员和被困人员安全而付出努力。

通过将沟槽事故救援支撑系统分成三个阶段，为每个阶段创建了独立但相互关联的目标，这样即可以把看似复杂的任务分成易于管理的部分，即使在面对复杂的沟槽事故救援情况下，这些目标也可以识别和实现。基本的沟槽事故救援支撑系统策略包括以下三个阶段：

（一）一级支撑

一级支撑的目的是通过稳定最有可能坍塌的沟槽区域，快速为被困人员提供保护。一级支撑的范围包括使用支撑板、支撑柱和沟槽事故救援箱。支撑柱的压力有时被临时设定为低于厂家的规定压力，用于暂时将土壤保持在适当的位置，直到可以添加回填土，并且初始支撑可以扩展到整个系统。一级支撑通常以放置一个或两个支柱则结束，一个好的一级支撑计划必须考虑到之后二级支撑的安装。

（二）二级支撑

二级支撑的目的是为在沟槽内工作的消防救援人员提供一个安全区域，二级支撑的范围包括扩大和加强一级支撑的安全区域。二级支撑的一个共同目标是开发一个3.7m宽的安全区域，支撑区域内必须达到适当的垂直和水平支柱间距。在二级支撑阶段，回填操作已完成，所有支撑柱都被设置至厂家推荐的工作压力。

（三）完全支撑

第三阶段完全支撑的目的是在救援和转移被困人员的过程中，最大限度地提高解救和转移被困人员过程中的安全性。该范围包括创建一个至少与深度一样宽的安全区，例如，一个4.6m深的沟槽，救援人员则需要将支撑区域扩大到四组支撑板约4.9m。在完全支撑阶段中，所有支撑柱都按照厂家的规范进行加压，所有支撑柱基座都被钉上钉子，以确保支撑系统的稳定性。

第二节　沟槽事故救援支撑系统——支撑板的安装

　　在可用于确保沟槽事故救援安全的所有设备中，支撑板和支撑柱的使用是最频繁的。支撑板有助于收集和分配沟槽壁土壤的负载。安装支撑板时，可以选择进行沟槽"同侧"安装或"相对侧"安装。"同侧"安装支撑板是指将支撑板从其将被定位的同一侧下放到沟槽中。"相对侧"安装支撑板是指将支撑板从被定位的另一侧，通过轨道下放到沟槽中，再不断调整位置。"相对侧"安装的方式适用于沟槽坍塌边缘不利于"同侧"安装的情形。执行"同侧"支撑板安装，需要按照以下的步骤操作：

　　（1）将绳索套系在支撑板的加强柱上，之后将两个绳头绕过支撑板，确保绳索两头长度超过支撑板的长度，三人将支撑板抬至沟槽边缘的适当位置，如图7-1所示；

▲ 图7-1　将支撑板抬至沟槽边缘

（2）两人握住绳索，两人同时将支撑板底部推出并越过沟槽，如图7-2所示；

▲ 图7-2　准备下放支撑板

（3）支撑板顶部两人使用绳索慢慢降低支撑板，使其紧贴沟槽墙壁；

（4）如果支撑板安装完成后仍需要进行调整，只需拉起绳索并移动支撑板，确保支撑板竖直放置不歪斜，如图7-3所示。

▲ 图7-3　调整支撑板位置

一般来说，"同侧"支撑板的安装是最简单和最快捷的，但是需要更多的空间供救援人员操作，因此针对特殊情况下的沟槽边缘，这最终可能涉及大量弃土堆的移动才能满足"同侧"支撑板安装的要求。此外支撑板安装完毕后将绳索整理好，不影响沟槽事故救援行动即可，但不需要将绳索抽出，以便在沟槽事故救援行动完毕后收整支撑板。

对于"相对侧"安装支撑板而言，轨道可以利用两条横撑柱，以便支撑板可以滑到沟槽内部，然后救援人员再回到实际安装面调整支撑板位置。

第三节　沟槽事故救援支撑系统——支撑柱的安装

沟槽事故救援支撑系统中的支撑柱是横过沟槽延伸的水平支柱，将力从一个沟槽壁传递到另一个沟槽壁。气动、木材、液压和螺旋千斤顶是沟槽事故救援队伍常用的支撑柱类型，每种类型都有优点和缺点。本节讨论了每种支撑柱的使用，但是只提供了气动支撑柱和木材支撑柱的分步说明。鼓励救援人员使用液压和螺旋千斤顶式支撑柱进行沟槽事故救援行动，其操作步骤与气动支撑柱大同小异，安装及拆卸都很便捷。

支撑柱自身产生的驱动力对支撑板后面的土壤产生压力，当正确使用支撑柱时，其有助于稳定土壤。实际上施加正确的支撑柱压力可以增加面板、加强板和横撑柱的强度和性能，但需要指出的是，无论何种类型的支撑柱，其强度与支撑柱的长度呈反比例关系，即在其他条件相同的情况下，随着支撑柱长度的增加，其强度会降低。安装支撑柱的救援队伍被称为支撑系统小组，该小组中推荐的最少人数为4人。根据所用支撑柱的类型不同，这些成员的职责略有不同。

支撑柱在沟槽内的安装数量是根据沟槽的深度决定的，通常可以按照0.6：1.2：0.6的比例进行测算，即顶部的支撑柱距离沟槽边缘0.6m，距离底部支撑柱1.2m，而底部支撑柱距离沟槽底部0.6m，如图7-4所示。而如果顶部支撑柱与底部支撑柱的间距大于1.2m的话，则需要额外增加第三根支撑柱，当大于2.4m的时候，则需要额外增加第四根支撑柱，依此类推。但是，设置太多支撑柱永远是不会错的，无非是需要花费更多的时间成本和器材成本。

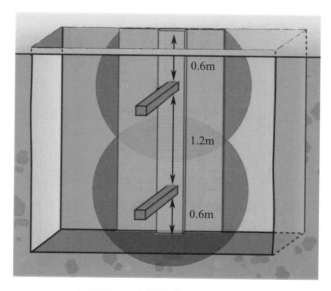

▲ 图7-4　支撑柱数量安装示意图

需要进入式安装支撑柱的方法的一个显著缺点是，如果发生沟槽二次坍塌，在支撑柱安装过程中进入沟槽的救援人员将暴露出来。

因为救援人员必须爬下梯子才能将支撑柱安装到位，因此支撑柱的安装顺序可以按照：需要两个支撑柱则按照先上后下的顺序，需要三个以上支撑柱则按照中、上、下的顺序进行。自上而下的支撑为救援人员提供了一定程度上的保护，确保中上部已经支撑到位后，救援人员再沿梯子下降到合适位置安装底部支撑柱。

一、气动支撑柱

沟槽事故救援支撑的最初目标应该是保护被困人员避免沟槽可能发生的二次坍塌，气动支柱可从沟槽内外部安装和锁定，允许救援人员将支撑柱放置在需要的地方，以防止坍塌，同时也将救援人员面临的风险降至最低。气动支撑柱利用气压将活塞伸入气缸内，推动内部的铝合金实心轴移动，对沟槽壁上的强固板、面板和横撑柱产生压力。实际上气动支撑柱也可以通过人工将可移动的铝合金实心轴拉出，但在气动支撑柱受力后仍想继续加压肯定还是需要通过气动加压的方式。对于气动支撑柱而言，一旦达到所需的气压，支撑柱必须进行机械锁定。根据所使用的支撑柱，机械锁可以通过以下方式实现：①扭转气缸上的项圈，并将锁销穿过活塞插入孔中；②旋转气缸上的项圈后，利用内置的单向自动锁定装置进行锁定，自动锁定支撑柱不需要救援人员进入沟槽进行锁定。每种气动支撑柱都有其优点和缺点，在实际沟槽事故救援情况下，无论何时，救援人员在没有完全支撑的沟槽中，都有可能面临潜在的坍塌风险，因此在支撑柱的安装过程中必须最大限度地减少救援人员的暴露时间。

知道如何调节气压是气动支撑柱安装的重要部分，气动支撑柱可以通过控制器改变支撑柱内的压力，以满足不同的任务要求。通常初始设定的支撑柱压力应保持为最终厂家建议压力的50%，因为支撑板在初始安装时，沟槽壁土壤可能并不稳定，单一支撑柱柱内压力加压到最大极有可能加速土壤的二次坍塌，因此暂时使用较小的支撑柱压力，救援人员可以在支撑柱全部安装好且土壤回填工作完成后，将支撑柱压力增加到厂家推荐的压力。此外气动支撑柱虽然有延长柱可以延长其使用长度，但延长柱只允许延长一次。

安装气动支撑柱，需要按照以下的步骤操作：

（1）救援人员携带工具包，包中装有铅笔、卷尺、双帽钉、羊角锤，身上扎好腰带，腰带上钩挂有保护绳，保护绳从梯子顶部的梯磴缠绕后由另一名救援人员控制，准备就绪后救援人员从已架设好的梯子进入沟槽，直至腰部与沟槽顶部相齐，这样即使沟槽发生二次坍塌，也可以保证救援人员只有下半身被土壤掩埋。

（2）救援人员根据沟槽深度已经知道需要安装的气动支撑柱的数量，进入沟槽后用卷尺丈量两块支撑板之间的长度，确定使用的气动支撑柱的长度以及是否需要增加延长柱，之后在两块支撑板上分别用卷尺丈量、铅笔标记安装各级支撑柱的位置，如图7-5所示。

（3）救援人员接过已经连接好管路的气动支撑柱，双手托住

▲ 图7-5 救援人员丈量并
标记支撑柱位置

支撑柱到确切的位置后与操作控制器的救援人员进行沟通，下达加压指令，逐渐将支撑柱的气压加至规定压力的50%，旋紧锁闭装置，如图7-6所示。

▲ 图7-6　救援人员安装气动支撑柱

（4）救援人员继续安装其他支撑柱，在安装底部支撑柱的时候，救援人员可以沿梯子继续下降几个梯磴。待同一组支撑板上的支撑柱安装完毕后，救援人员为了更加安全起见，在所有气动支撑柱的底座上钉双帽钉，对气动支撑柱进行加固，如图7-7所示。

▲ 图7-7　救援人员在气动支撑柱底座上钉双帽钉加固

二、木支撑柱

木支撑柱在建筑和救援支撑方面有着悠久的历史，在任何一种应用中，它们都非常耗时并可能产生额外的风险，因为木支撑柱在安全之前需要将救援人员长期暴露在沟槽之中。木支撑柱在沟槽事故救援中的最小尺寸是10cm×10cm，通常消防部门需要携带足够的木材以应对沟槽坍塌事故中进行的初步支撑。

安装木支撑柱首先需要测量支撑板之间的距离，然后将测量信息告诉切割站的救援人员，以便其切割合适长度的木支撑柱。由于沟槽壁面可能不是直的，因此支撑板上中下位置的间距也可能是不一样的，救援人员需要分别测量并标记木支撑柱的安装位置。此外切割站的救援人员需要注意，木支撑柱的切割长度需要比实际测量的支撑板间距大2.5cm，即假如支撑系统小组救援人员测量的支撑板间距为30cm的话，切割工作站的救援人员就要明白，切割后的木支撑柱应为32.5cm。支撑系统小组的救援人员在安装支撑柱的时候则需要用羊角锤将木支撑柱敲进预先标定的位置，超出的木支撑柱部分可以更好地保证木支撑柱的稳定性。此外切割工作站的救援人员在切割木支撑柱的时候要将支撑柱两端的一个锋利直角切割成钝角，这样将有助于支撑系统小组的救援人员将木支撑柱安装就位，具体如图7-8所示。

安装木支撑柱，需要按照以下的步骤操作：

（1）与安装气动支撑柱的操作步骤（1）、（2）一致，确定木支撑柱的数量及尺寸；

（2）切割站的救援人员按照要求（支撑柱丈量长度加2.5cm，两侧一个的直角切割成钝角），将木支撑柱交给支撑系统小组救援人员

▲ 图7-8　救援人员安装木支撑柱

后，救援人员在预先划定的安装区域安装木支撑柱，并用羊角锤缓慢敲击支撑柱至水平状态，如图7-8所示；

（3）用羊角锤或气动打钉锤在木支撑柱的两个顶端分别钉入双帽钉，增加木支撑柱的强度，双帽钉斜向45°钉入，确保最终与支撑板上的加强柱相连接。为了安全起见，在支撑柱顶端的两个对立面分别钉入两根双帽钉，这样支撑柱的每个顶端有四根双帽钉起到加强支撑柱强度的作用，如图7-9、图7-10所示；

▲ 图7-9　救援人员使用羊角锤钉双帽钉

▲ 图7-10 救援人员使用气动打钉锤钉入双帽钉

（4）按照步骤（2）、（3）继续安装其它木支撑柱。

三、螺旋千斤顶支撑柱

螺旋千斤顶在沟槽事故救援中主要依靠旋拧螺钉，对支撑柱施加作用力，达到支撑的目的。然而，螺旋千斤顶是通过救援人员手动来作用的，没有任何仪表可控制千斤顶的压力，旋转螺钉产生的压力是不可测量的，因此试图在整个支撑系统中建立一个均衡的压力分布是很困难的。由于救援人员必须在支撑柱达到其全部强度之前在沟槽内待上一段时间，所以在支撑系统安装过程中应尽量减少人员的暴露时间是至关重要的。通常情况下，支撑系统团队使用的螺旋千斤顶支撑柱的断裂强度是明显低于气动和液压支撑柱的，这是由于螺旋千斤顶支撑柱的直径较小，一旦螺旋千斤顶作用后的长径比过大的话，其承载压力是显著下降的，使用螺旋千斤顶支撑柱的救援人员应该向厂家要一份针对沟槽坍塌救援条件下的支撑数据图表。

四、液压支撑柱

液压支撑柱已经成功地应用于沟槽事故救援很多年了，消防救援队伍从建筑行业借用了这项技术。液压支撑柱的启动压力是通过将液压流体经储液罐、液压泵、液压软管，最后至装有移动活塞的支撑柱缸而产生的。液压支撑柱没有机械性地防止活塞和气缸移动的安全套环，其支撑柱的强度在沟槽事故救援的整个过程中仍主要取决于液压。而液压支撑柱所用的压力远远高于气动、木质和螺旋千斤顶支撑柱所产生的压力，这些较高的压力对完好无损且土壤条件稳定的沟槽壁非常有效。救援人员也需要根据厂家提供的针对沟槽塌方土壤条件的支撑数据图表进行相应的操作。

第四节 沟槽事故救援支撑系统——回填设备的安装

在沟槽事故救援中，如遇到第一章中介绍的沟槽墙脚坍塌与沟槽边缘塌陷的情况的话，支撑系统小组是难以将支撑板正常竖直安装的，沟槽墙壁的缺陷势必导致支撑板两端受力不均，更有可能导致沟槽的二次坍塌，因此在支撑系统的架设过程中应考虑运用回填设备对沟槽墙壁的缺失部位进行填补，回填设备包括低压起重气囊与小型木质支撑柱，本节将介绍这两种设备的安装方法。

一、低压起重气囊回填

低压起重气囊利用气瓶中的压缩空气，通过便携式控制器调节气压，实现气囊缓慢充气膨胀，达到起重的目的。其充气后抬升高度可达43～102cm，接触面大而更稳，且由于是软性材质，更适合放置在软性或不平整的地形上面，非常适合用于沟槽土壤的回填。便携式控制器是双控制的，可以同时控制两个起重气囊的升压和降压。

安装低压起重气囊，需要按照以下的步骤操作：

（1）支撑系统小组在观察到需要进行沟槽回填工作时，即将空气呼吸器压缩气瓶连接低压起重气囊的压力调节器，将软管从调节器连接到控制器，最后用适当的软管连接所需的气囊，做好准备工作；

（2）当救援人员进入沟槽内准备安装支撑柱时，外部支撑小组人员将气囊放置在沟槽边缘缺失的部位，与内部救援人员安装支撑柱保持同步，使气囊逐步充气至支撑板两端受力平衡为止，注意要将压力调节器调节到厂家规定的压力值，操作控制器的救援人员要缓慢操作供气，防止过充，如图7-11所示；

▲ 图7-11　沟槽边缘气囊回填

（3）如果是沟槽墙脚坍塌的情况，则支撑系统小组人员进入沟槽内部先安装中间或者顶部支撑柱，当需要安装底部支撑柱时，先将起重气囊塞进墙壁的空缺部位，沟槽外部的操作人员听指示缓慢操作供气，内部救援人员则安装底部支撑柱，整个过程中使支撑板两端受力保持平衡，如图7-12所示。

▲ 图7-12　沟槽底部气囊回填

二、木质支撑柱回填

木质支撑柱实际上仅适用于沟槽边缘坍塌的回填工作，救援人员便于测量和安装木质支撑柱，由于沟槽边缘坍塌后结构的不确定性和多样性，因此为了更加快捷地完成回填工作，也可以将各种边角料木头放置在土壤的空缺位置，亦能起到比较好的支撑作用。

在木质支撑柱回填过程中也有可能会用到木楔，木楔是切割成斜面的小型木材，楔形物的平面使其可根据所占据空间的需要进行调节。木楔在沟槽事故救援中有多种用途，作为斜面，它们可以用来固定物体，占据横撑柱和支撑柱之间的空间，后续在介绍横撑柱的安装时同样会用到木楔，因此切割工作站的人员应明白木楔的切割方法。木质支撑柱回填的操作方法比较简单，在此不过多赘述，可参考图7-13、图7-14。

▲ 图7-13　废弃木材用作回填

▲ 图7-14 木质支撑柱与木楔用于回填

第五节 沟槽事故救援支撑系统——横撑柱的安装

横撑柱是一种应用于沟槽内部的水平构件，用于沿沟槽壁横向跨越开口，以在沟槽中创建安全区域和开放空间，为沟槽事故救援支撑系统提供更加稳定的支撑架构。横撑柱可以由木材、金属构成，甚至使用临时梯子亦可以起到作用。横撑柱在沟槽事故救援中有两种使用方式，内部横撑柱和外部横撑柱。

外部横撑柱是直接安装在沟槽壁上，为沟槽壁表面积缺失部位创建稳定的受力支撑空间，这样可以使沟槽事故救援支撑系统更加稳定，受力更加均衡，当然外部横撑柱的使用也可能需要配合木楔子和低压起重气囊，以使得外部横撑柱靠近土壤的一侧受力平稳，如图7-15所示。

▲ 图7-15 外部横撑柱的应用

内部横撑柱是安装在支撑板的内侧，首先需要在沟槽内两个方向已经架好支撑板的支撑柱上方架设横撑柱，靠着支撑板的加强柱位置放置，然后将支撑柱逐渐安装在横撑柱上并加上加强盖板，如图7-16所示。内部横撑柱的使用有助于提升整体支撑系统的强度。

需要注意的是，外部横撑柱在应用过程中其会对土壤产生集中的荷载力量，而非支撑板似的整块面积接触沟槽壁土壤，因此当外部横撑柱作用在沟槽壁的土壤是较为脆弱的情况，则在高度压力下，沟槽壁受力不均一定会导致坍塌，故外部横撑柱的使用过程中要做好土壤的回填工作，当回填装备安装到沟槽壁的空隙中时，是更容易符合支撑板两侧受力均衡的情况的。

▲ 图7-16　内部横撑柱的应用

安装外部横撑柱，需要按照以下的步骤操作：

（1）当使用外部横撑柱技术时，首先判断沟槽大致深度以及需要几级支撑，进而判断出所需横撑柱的数量；

（2）以沟槽深度需要两根外部横撑柱为例，将横撑柱两端用绳索做卷结捆绑，第一根柱子释放至沟槽底部上方大致0.6m位置，第二根柱子释放至沟槽顶部下方大致0.6m位置，每个外部横撑柱的最佳位置是最大化跨越沟槽边缘坍塌的空缺部位，因此外部横撑柱的长度要足够长；

（3）找一个坚固地面来支撑外部横撑柱的重量，将连接两根外部横撑柱的绳索用钢钎地锚固定在沟槽附近的地面上，确保安装距离离沟槽边缘足够远，至少1.2m，以避免固定钢钎时引起的任何振动引发沟槽二次坍塌；

（4）在支撑系统小组安装支撑板的过程中，其他救援人员注意将外部横撑柱与沟槽壁的缝隙用低压起重气囊进行回填，确保支撑板两端受力平衡。如果没有气囊时，土壤亦可用于回填空隙。

安装内部横撑柱，需要按照以下的步骤操作：

（1）沟槽内两个方向均已架设好了初步的支撑板支撑系统，救援人员可以进入沟槽内部；

（2）沟槽内部的救援人员接过上方人员递来的内部横撑柱，将其架设在两个方向的支撑板支撑系统的支撑柱上，如图7-17所示；

（3）沟槽内两个方向的救援人员同时对支撑柱上的内部横撑柱增加支撑柱进行支撑固定，如图7-18所示；

▲ 图7-17 救援人员接过内部横撑柱

▲ 图7-18　救援人员对内部横撑柱增加支撑柱稳固

（4）外部救援人员向沟槽内部增添支撑板，将支撑板插入内部横撑柱与沟槽壁之间，如图7-19所示；

▲ 图7-19　救援人员将增添的支撑板插入内部横撑柱与沟槽壁之间

（5）沟槽内两个方向的救援人员对新增添的支撑板进行支撑柱加固操作，支撑柱安装位置应在沟槽两侧的内部横撑柱之间，完成操作后应在支撑柱上方钉扣木质盖板，以增加支撑柱的强度，木质盖板两端要比支撑柱略长，一般长15cm即可，确保可以钉在横撑柱上，如图7-20所示；

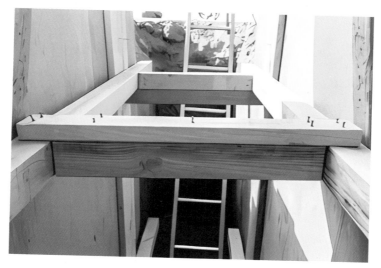

▲ 图7-20　增加支撑柱及木质盖板

（6）完成以上操作后，救援人员利用木楔对横撑柱与支撑板之间的空隙进行填补，如图7-21所示。

内部横撑柱通常用来跨越一组以上的支撑板，从而创造一个开放的空间，每当挖掘或救援作业需要开放空间便于消防救援人员移动时，使用内部横撑柱创建一个开放的工作区是首选技术，横撑柱的规格选择可参考前面的沟槽事故救援装备章节。

▲ 图7-21　在内部横撑柱与支撑板之间用木楔填补空隙

第六节　直壁型沟槽事故救援支撑系统

　　直壁型沟槽是沟槽事故救援中最典型、最基础的沟槽坍塌类型，因为其能够清楚地显示沟槽事故救援支撑策略的基础，为后续支撑系统的学习打下基础，因此在实际沟槽事故救援训练中，直壁型沟槽坍塌训练也是最先开展的科目。本节将重点介绍消防救援人员针对直壁型沟槽如何安装支撑系统。

　　直壁型沟槽是指沟槽两边平行且与底部成直角的沟槽，一般一条3.7m长的直壁型沟槽通常要求消防救援人员至少使用三组支撑板，以构建完整的救援支撑系统。第一组支撑板要求直接安装在离被困人员较近的位置，第二组支撑板可以从直壁沟槽的一端开始搭建，这样在人员充足的情况下，支撑系统小组救援人员可以实现同时两个方向搭建支撑系统，提升救援效率，每组支撑板所需支撑柱的数量需要根据沟槽的深度进行实际评估。直壁型沟槽事故救援支撑系统如图7-22所示。

　　直壁型沟槽事故救援支撑系统的安装步骤：

　　（1）救援人员完成沟槽边缘弃土堆清理、护板和唇桥的安装工作；

　　（2）救援人员在离被困人员位置架设梯子并固定，如有必要，使用送风机对沟槽内进行通风；

　　（3）救援人员使用同侧或相对侧沟槽支撑板安装技术，将第一组支撑板安装在被困人员头部和胸部两侧的沟槽壁上，第一组支撑板也是主支撑板，可以为被困人员提供有效的保护；

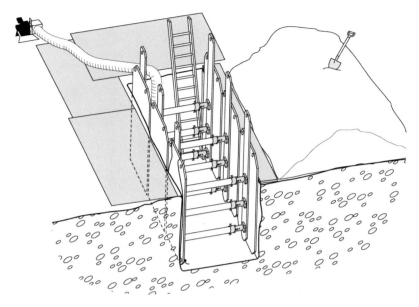

▲ 图7-22　直壁型沟槽事故救援支撑系统

（4）救援人员根据沟槽深度评估使用支撑柱的数量，沟槽深度小于2.4m则用两组支撑柱，而后沟槽内部支撑柱数量按照0.6∶1.2∶0.6的比例进行测算，支撑柱可以使用木质、气动、液压支撑柱，其安装顺序遵循两根支撑柱按照上、下安装顺序，三根支撑柱以上则按照中、上、下的顺序进行安装；

（5）救援人员在主支撑板的两侧添加支撑板，开始扩展安全区域，这些支撑板被称为二级支撑板，按照主支撑板上支撑柱的安装数量，对二级支撑板进行支撑柱安装，注意安装支撑柱的过程中使用双帽钉对支撑柱进行二次加固；

（6）如果沟槽内墙壁有缺失，则使用低压起重气囊对空缺部位完成回填；

（7）如果被困人员营救困难，需要救援人员在沟槽内部长时间进行土壤清理等工作，则救援人员需要对该直壁型沟槽事故救援支撑系统安装横撑柱并加固，以增加救援系统的整体强度，为救援人员在沟槽内长时间工作提供安全保障。

需要注意的是，直壁型沟槽事故救援支撑系统中的二级支撑通常意味着至少需要设置三组支撑板，一组支撑板直接设置在被困人员两侧的沟槽壁面，另两组支撑板设置在主支撑板的两侧。然而，涉事沟槽的尺寸（长度、宽度、深度）可能并不利于使用三组支撑板，此外，沟槽中的障碍物（如管道、地下电线、重型设备）可能会导致难以安装完整的面板，消防救援人员必须能够重叠和切割面板以适应不同的沟槽状况。

如果消防救援人员需要添加支撑板来完成救援支撑任务，这一过程称为补充支撑，可用于在现有支撑系统下延伸支撑，补充支撑是一种沟槽事故救援的高级技能，用于在高级沟槽事故救援作业中提高安全性。在现有支撑系统下延伸的需求通常源于挖掘时移除土壤以解救被掩埋的被困人员，土壤的挖掘可以使用各种技术，包括铲子、挖土机、铲斗等，而挖掘的结果是，沟槽壁将会变得越来越暴露，沟槽壁的暴露部分容易坍塌，必须进行支撑。当暴露的沟槽壁面超过0.6m时，则必须增加额外的补充支撑。补充护板包括切割成0.6m×1.2m截面支撑板，加强柱可以用螺栓或螺钉固定在补充护板上。

要安装支撑板底部补充支撑，需要遵循以下的步骤：

（1）在沟槽内部消防救援人员开始清除土壤作业前，沟槽外部的救援人员准备补充护板和加强柱，以便及时过渡到补充支撑作业；

（2）当0.6m的沟槽壁暴露在沟槽相对两侧的支撑板下方时，停止土壤清除作业，如果沟槽壁有空缺，则安装回填物；

（3）在现有支撑板正下方插入补充护板，同时用加强柱对补充护板和上方支撑板进行连接；

（4）根据需要继续清除土壤，直到露出另一个0.6 m的墙壁，然后重复补充支撑程序。

如果直壁型沟槽事故救援系统涉及沟槽边缘坍塌的情况，则需要使用外部横撑柱，以跨越沟槽壁的坍塌空间。在这种坍塌情况下产生的空间通常大于可以用土壤、木材或单个低压起重气囊回填技术填充的空缺部位。更确切地说，其要求安装成组的外部横撑柱（通常至少两组），以跨越沟槽边缘形成的大空间，外部横撑柱是提供支撑面板的支撑物，它们也为支柱和任何后续的力提供了一个暂时的阻力点，以及从对面的墙传递的所有的土壤压力。完成外部横撑柱支撑的直壁型沟槽事故救援支撑系统如图7-23所示。

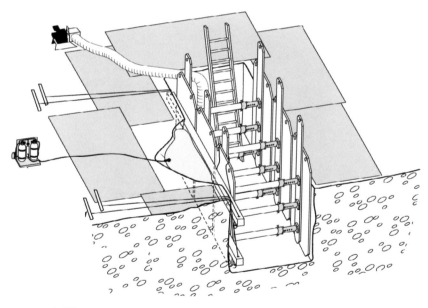

▲ 图7-23　安装外部横撑柱的直壁型沟槽事故救援支撑系统

外部横撑柱的安装可参考本章第五节外部横撑柱的安装方法，需要注意的是在土壤回填和支撑板安装之前进入沟槽内部是不可取的，因为沟槽坍塌空缺部位留下的无支撑的土壤极有可能会变得活跃，从而导致进一步的土壤塌陷，很多沟槽事故救援事故案例中，消防救援人员的伤亡均是由于未做好沟槽事故救援支撑系统而进入沟槽内部导致的。

如果沟槽的深度在3m至5m之间，这类沟槽被称为深沟槽，使用以上的直壁型沟槽支撑系统是无法满足深沟槽的支撑深度的，因此应考虑在直壁型救援支撑系统的基础上，向上加设支撑板，支撑板可以横向放置且与下部的支撑板呈90°，增设的支撑板同样需要用支撑柱进行支撑固定，必要时可以使用内部横撑柱用于扩大支撑面积，以确保整个支撑系统的稳定，同时内部横撑柱都要利用绳索固定在地桩上以保持支撑系统的稳定。直壁型深沟槽事故救援支撑系统如图7-24所示。

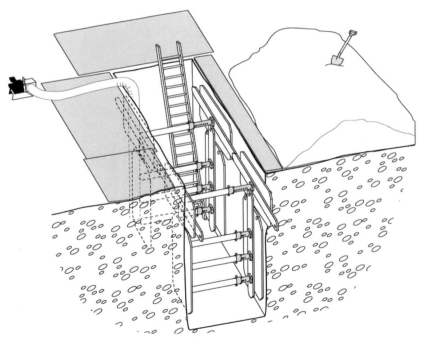

▲ 图7-24　直壁型深沟槽事故救援支撑系统

第七节　T型沟槽事故救援支撑系统

　　T型沟槽，顾名思义指的是沟槽形状类似英文字母T，T型沟槽也是交叉沟槽。在所有条件相同的情况下，考虑到相同的土壤条件，T型沟槽的稳定性明显不如直壁型沟槽。这种差异的一个原因是交叉沟槽具有更多的沟槽壁暴露表面积，更大的无支撑沟槽壁表面积则意味着更高的坍塌概率，直壁型沟槽具有仅沿一个方向延伸的暴露壁面，而T型沟槽具有沿两个方向延伸的暴露壁面。T型沟槽中相交的T型沟是一条非常不稳定的沟，因为不仅一堵墙暴露在外，而且与另一堵墙相交的一段被切割了，所形成的两个拐角是所有暴露区域中最不稳的部位。此外T型沟槽相交区域由于沟槽壁面的缺失，势必会使得部分支撑板无法成组运用，因为在相交的地方没有任何东西可以供支撑板支撑受力。T型沟槽事故救援成功的关键是尽快解决拐角区域的支撑。本节将讨论如何支撑尚未坍塌的T型沟槽。

　　支撑T型沟槽时，应限制交叉沟槽拐角处的人员数量和设备数量。因为这些交叉点是最不稳定的，所以在移动到沟槽的其他区域之前，一定要先对拐角区域进行支撑稳定。而在T型沟槽事故救援开始之前，为救援现场的关键区域指定名称可以帮助救援人员理解他们的任务，减少错误发生的情况。

　　一个典型的浅层，小于3m深的T型沟槽至少需要使用2根内部横撑柱和7块支撑板。内部横撑柱用于支撑T型沟槽的长直壁墙体，因此要确保使用的内部横撑柱有能力来抵抗土壤压力。救援任务的主要目标是立即保护被困人员，然后创建一个T型沟槽事故救援支撑系统。完整的T型沟槽事故救援支撑系统如图7-25所示。

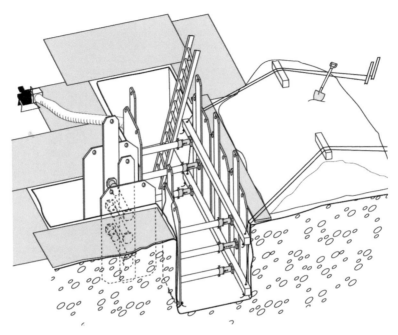

▲ 图7-25　T型沟槽事故救援支撑系统

T型沟槽事故救援支撑系统的安装步骤：

（1）救援人员完成沟槽边缘弃土堆清理、护板和唇桥的安装工作，如有必要，使用送风机对沟槽内进行通风。

（2）救援人员首先在T型沟槽竖直的腿部两个拐角部位开始操作，使用同侧或相对侧沟槽支撑板安装技术设置一组支撑板，支撑板就位后，救援人员根据沟槽深度评估使用支撑柱的数量，沟槽深度小于2.4m则用两组支撑柱，而后沟槽内部支撑柱数量按照0.6∶1.2∶0.6的比例进行测算，支撑柱可以使用木质、气动、液压支撑柱，其安装顺序遵循两根支撑柱按照上、下安装顺序，三根支撑柱以上则按照中、上、下的顺序进行安装，可以使用

$725\sim1087\mathrm{kgf/cm^2}$的支柱压力，以减少拐角周围暴露的沟槽墙壁上的力，当放置支撑板后面有空隙时，可以使用$725\mathrm{kgf/cm^2}$的支柱压力，直到回填工作的完成。

（3）救援人员在沟槽长壁上放一个内部横撑柱到沟槽的底部向上约0.6m处位置，找一个有坚固地面的地方来支撑内部横撑柱的重量，将连接两根内部横撑柱的绳索用钢钎地锚固定在沟槽附近的地面上，确保安装距离离沟槽边缘足够远，至少1.2m，以避免固定钢钎时引起的任何振动引发沟槽二次坍塌。

（4）救援人员在T型沟槽横向两个交叉点位置架设支撑板，如果救援人员数量充足的话，可以同时进行，确保T型沟槽顶部直壁的支撑板架设在内部横撑柱与沟槽壁面之间。

（5）按照步骤（2）的方法架设第二根内部横撑柱，架设位置在沟槽边缘顶部向下0.6m位置，如果沟槽深度超过2.4m，则支撑板中部还需要架设第三根内部横撑柱，沟槽内部横撑柱的数量亦按照0.6∶1.2∶0.6的比例进行测算。

（6）救援人员分别对支撑板组进行支撑柱的架设，需要指出的是，T型沟槽顶部直壁的支撑板上架设支撑柱时，支撑柱的受力点在内部横撑柱上，此举可以使内部横撑柱受力，将无法安装支撑柱的支撑板受力压紧贴实在沟槽壁上。如果需要，在支撑板位置后面同时完成回填工作。

（7）救援人员使用木楔填充到内部横撑柱与支撑板之间有空隙的地方，然后按照厂家的建议增加所有支撑柱的压力（如果是气动、液压支撑柱），最后要完成支撑，将双铆钉钉入所有支撑柱的底座。

第八节　L型沟槽事故救援支撑系统

　　L型沟槽，顾名思义指的是沟槽形状类似英文字母L，其是由两个直壁型沟槽相交而形成的，沟槽相交的部位汇聚在一个点上，通常形成直角，这种类型的沟槽为救援人员提供了一个困难的场景，因为交叉点部位所形成的内外拐角很难用标准的沟槽事故救援设备和技术进行支撑固定，因此L型沟槽需要一些专门的设备和先进的支撑方法。

　　本节提供了支撑L型沟槽的两种方法。一种方法是使用推力块支撑尚未坍塌的L型沟槽。另一种方法是使用交叉重叠的内部横撑柱来支撑尚未塌陷的L型沟槽。请注意，这两种方法对于尚未坍塌或轻微坍塌的L型沟槽都是有效的，消防救援人员必须预先选择确定实施的方法，以便救援人员选择合适的装备并掌握其使用，但就像任何交叉的沟槽的救援过程一样，有必要限制L型沟槽内角的人员数量和设备数量，确保沟槽边缘附近的救援人员总是做适当的沟槽边缘保护工作。

一、推力块方法

　　推力块有木质推力块和机械推力块两种方式，木质推力块需要救援人员将木方切割成角推力块，如图7-26所示，以及支撑板推力块，如图7-27所示。切割成形后的推力块具有倾斜表面和平坦表面，支撑柱可以从这三个表面射出，支撑板推力块需要在其长边处切割出一个凹槽，以便于在安装过程中将支撑板的加强柱抓住。而所需的横撑柱、角块和推力块的数量由 L 型沟槽的深度所决定。对于每一层支撑，都将需要两个支撑柱、两个支撑板推力块和一个角推力块。木质推力块可以通过在支撑板、加强柱以及横撑柱上钉双帽钉将其固定，但安装过程中切记要对应每一层级的水平位置，防止支撑柱安装时出现无法水平对齐的情况。

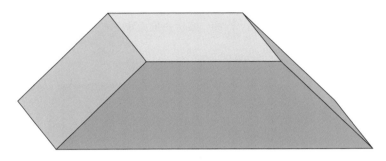

▲ 图 7-26　木质角推力块

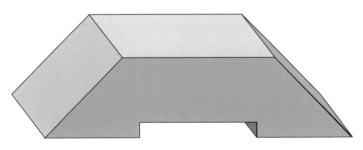

▲ 图 7-27　木质支撑板推力块

机械推力块是指已经由厂家生产好的金属推力块，在 T 型沟槽的救援过程中，消防救援人员可以很容易将其安装在支撑板或横撑柱上，无需进行现场切割制备。角推力块如图 7-28 所示，支撑板推力块如图 7-29 所示。机械推力块只能匹配对接气动或液压支撑柱，通过支撑柱上的转换接头可以连接机械推力块上移动接头，实现快速连接。

▲ 图7-28　机械角推力块

▲ 图7-29　机械支撑板推力块

　　当然机械推力块的安装不仅需要双帽钉，如果支撑板角度不适合直接将机械推力块与支撑板连接的话，为了支撑系统的稳定性，还需要借助横撑柱的作用，将机械推力块固定平稳。如图7-30所示，该L型沟槽事故救援支撑系统使用的是气动支撑柱，在拐角处一级支撑柱的安装过程中，为了便于角推力块的安装固定，消防救援人员选用了两组金属横撑柱，金属横撑柱的导轨可以很好地将机械角推力块进行固定。

▲ 图7-30　机械推力块在L型沟槽中的应用

　　要使用推力块方法支撑L型沟槽，需要按照以下的步骤操作，支撑系统示意图如图7-31所示：

　　（1）救援人员完成沟槽边缘弃土堆清理、护板和唇桥的安装工作；

　　（2）救援人员选择L型沟槽两条直边的合适位置架设梯子，条件允许的话可以从两条直边同时开始安装支撑板，向L型沟槽的拐角处靠近，如有需要则安装通风换气设备，确保沟槽内空气流通顺畅；

　　（3）救援人员下放第一组支撑板，接下去在靠近L型沟槽外侧边缘，利用绳索下放两根适当长度的内部横撑柱，以沟槽深度需要两根内部横撑柱为例，将横撑柱两端用绳索做卷结捆绑，第一根柱子释放至沟槽底部上方大致0.6m位置，第二根柱子释放至沟槽顶部下方大致0.6m位置，然后将绳索通过地锚固定在牢固的地面上；

　　（4）救援人员安装第一组支撑板的支撑柱，确保在靠近L型沟槽外侧边缘一端，支撑柱在安装时固定在内部横撑柱上；

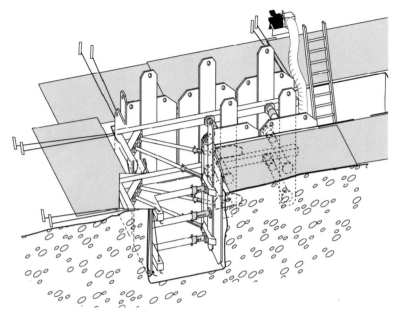

▲ 图7-31　使用推力块方法搭建的L型沟槽事故救援支撑系统

（5）救援人员继续下放第二组、第三组支撑板，在靠近L型沟槽外侧边缘一端，将支撑板从内部横撑柱与沟槽壁之间穿过去，然后继续在第二组、第三组支撑板上安装支撑柱；

（6）当救援人员完成L型沟槽两条直边的支撑板安装后，在沟槽外拐角位置安装角推力块，注意角推力块要安装在横撑柱上，用双帽钉固定角推力块；

（7）救援人员在L型沟槽内拐角的两块支撑板上安装支撑板推力块，注意支撑板推力块的凹槽部分需要将支撑板上的加强柱包起来，且每一级的支撑板推力块与角推力要水平对齐，然后用双帽钉固定支撑板推力块；

（8）救援人员在各级推力块上安装剩余的支撑柱，并用双帽钉固定所有支撑柱的底座。

L型沟槽事故救援支撑系统的推力块可以在安装内拐角支撑板

之前或之后安装，比较推荐的方法是安装完支撑板之后再考虑它们，这样比较容易将各层级推力块对齐。进行此操作时，需要注意的是，推力块的最终位置需要满足最大垂直支撑柱的间距要求（沟槽边缘下方 0.6m，沟槽底部上方 0.6m，间距不超过 1.2m）。此外，因为 L 型沟槽内拐角坍塌的可能性很大，内拐角支撑板的放置通常是从外拐角的沟槽边缘的某个位置使用相对侧支撑板放置技术完成的。

二、内部横撑柱方法

内部横撑柱方法构建 L 型沟槽事故救援支撑系统，是指救援人员通过在 L 型沟槽支撑板内侧安装一定数量的内部横撑柱来实现的。如图 7-32 所示，救援人员在 L 型沟槽两根支腿壁面上的支撑板上分别安装了两根内部横撑柱，在 L 型沟槽的拐角处，四根内部横撑柱相当于交互在一起，形成合力，防止拐角处的两块支撑板因没有受力而有可能不稳。为了牢固起见，在同一组横撑柱的末端用支撑柱将同组的两根内部横撑柱连接在一起并加上加固盖板，用双帽钉对其

▲ 图7-32　内部横撑柱方法搭建L型沟槽事故救援支撑系统

进行固定。最后为了防止内部横撑柱与支撑板之间存在较大的空隙，导致支撑板晃动，可以使用木楔填补空隙，达到受力平衡。当然内部横撑柱的使用数量是根据沟槽深度所决定的，对于内部横撑柱的安装方法，本节不做过多赘述，请参考前面的章节内容。

一旦接近受害者并建立了最小临时安全区，应尽一切努力清除气道并尽可能减少受害者躯干上的表面负荷。应认识到安全工作区定义为两个具有适当间隔支柱的面板。

第八章

沟槽事故救援现场操作——第四阶段

到目前为止，本书的重点一直是围绕着搭建营救被困人员所需的沟槽事故救援支撑系统，而沟槽坍塌时的救援问题不仅仅是将被困人员挖出。实际上，在任何特种事故灾害救援技术中，消防救援人员必须准备好使用各种工具营救被困人员并确保其安全。因此，本章旨在为消防救援人员在沟槽事故救援现场操作第四阶段，即沟槽事故救援后期阶段的被困人员搜索、初步护理与救援提供相关专业知识和技术基础。

第一节　被困人员搜索

消防救援人员在沟槽事故救援系统成功建立后，现场行动指挥官应根据具体情况安排救援人员进入沟槽内部开展救援工作，针对非进入式救援，其不属于本节的讲解范畴。但在进入沟槽之前，行动指挥官需要一个考虑了诸多细节的、更加全面的救援计划，其中许多方面是通过风险收益分析确定的，如果救援难度很大的话，甚至需要与总指挥、专家开展联席会议进行进入式救援方案的确定。

如果从救援效率的角度出发，行动指挥官需要在救援人员建立沟槽事故救援支撑系统之前，向所有相关人员简要介绍救援计划，进行预进入或预行动的简报式会议可以让沟槽事故救援行动的相关负责人及救援人员始终了解救援计划的阶段目标和整体目标，有助于救援人员在救援行动中从自身角度发现问题并及时向行动指挥官汇报。

除了正常的沟槽事故救援现场支撑系统等活动，在对救援小组进行简报和完成支撑系统安全检查之前，不得在沟槽事故救援区域采取任何行动。进入式救援前的简报会议很重要，因为救援小组人员需要了解预期的行动结果和作为整体救援计划一部分的战略目标。简报会议中的项目应包括：救援操作的总体目标、职位分配、支撑系统设计；已知的、可疑的或可能的危险因素、安全要求、责任制度和紧急程序。当进行这样的简报时，训练有素的救援人员倾向于在头脑中预想自身的任务与整体救援目标的协调配合，以在实际救援情况下取得积极的成果。

在真正的沟槽事故现场，消防救援人员会面对两种类型的情况：涉及坍塌的情况和不涉及坍塌的情况。无论在什么情况下，都必须从同样的角度评估，因为困住人员的材料类型与在施工现场发现的设备类型通常是一样多的，管道和其他重物可能必须使用起重气囊或机械提升装置从被困人员身上提起，这些提升可以使用提升带从沟槽内部或沟槽上方进行，可以使用手动工具或抽吸泵，将埋压于被困人员身上的土壤清除。搜索被困人员的根本原则是移除任何可能造成人员被困的东西，将被困人员的头部和胸部首先露出。

一、没有坍塌的沟槽事故

在沟槽事故现场，搜索被困人员时，未塌方的沟槽事故实际上比沟槽塌方后掩埋被困人员的事故更容易发现被困人员，但在整个营救过程中会比较困难。出现这种差异是因为当被困人员的生命岌岌可危时，消防救援人员处理这种情况会更有压力，可能会出现考虑不当而造成失误。但如果被困人员已经死亡，就像沟槽坍塌后将被困人员彻底掩埋一样，消防救援人员的解救方法实际上不会影响被困人员最终的结果，其任务更多是将被困人员有尊严地搜救出来，整个过程中需要切记的是要保护参与救援的人员。

二、坍塌的沟槽事故

坍塌的沟槽事故可以分为两类：一类涉及部分掩埋的被困人员，另一类涉及完全掩埋的被困人员。这两种类型都具有挑战性，因为每种类型都可能涉及大量沟槽内部的救援工作，这取决于具体的人员被困机制。

沟槽坍塌后内部主要是泥土或沙子，救援小组进入沟槽内部后需要拿出相应的工具进行泥土或沙子的清除工作，被困人员埋压较深的话，救援小组通常需要工作几个小时去清理坍塌后的泥土或沙子，但不管用什么设备完成此项工作，有以下原则需要注意：

（1）切勿使用任何机械装置挖掘完全掩埋或部分掩埋的被困人员；

（2）不要试图从土壤中拉出部分掩埋的被困人员；

（3）清理过程中接近被困人员时，救援人员需要用手挖，否则可能会对被困人员造成进一步的伤害。

注意在看到被部分掩埋的被困人员的脚面之前，救援人员需要克制住想要把他拉出来的冲动，实践证明，在将被困人员完全从埋压土壤中解救出来之前，想要将其拉出来的想法都是徒劳的。

清理泥土或沙子可以用铁锹，也可以使用工兵铲这种小型的便于操作的工具，如图8-1所示，搜救人员要确保在支撑板的范围内进行清理作业，待逐渐接近被埋压的被困人员后，救援人员则需要徒手，或者使用小勺清理泥土或沙子，清理出的泥土或沙子可以放置在沟槽内部相对安全的区域，也可以通过吊桶，让沟槽外部的消防救援人员配合，将泥土或沙子逐桶吊出沟槽内部，如图8-2所示，这样可以保证沟槽内坍塌的泥土或沙子尽量减少积压，有利于沟槽内部的救援人员操作和整个沟槽事故救援系统的安全。

▲ 图8-1　救援人员使用铁锹和工兵铲清理泥土

▲ 图8-2　救援人员使用吊桶清理沟槽内坍塌的泥土

此外，对于沟槽坍塌埋压范围较大，较深的涉事沟槽，可以使用真空泵车将坍塌的土壤进行快速地抽取，一般政府的公共服务部门都会配备这样的车辆，例如吸粪车就是真空泵车的一种，其是政府环卫部门应用到化粪池、污水沟和下水道等环境下清理清洁工作的专用车辆，如图8-3所示。真空泵车通常会配有延长的软管，使其能够进入并清理排水管路或清理松散的道路碎片，如树叶和灰尘等。

▲ 图8-3　吸粪车

　　在沟槽事故救援应用中，真空泵车不太适合清除大块土壤，为了使系统有效工作，土壤需要尽量呈松散的颗粒状，且由于车辆的真空压力低和进气软管长度有限，这种卡车常常需要放置在靠近沟槽的位置才能发挥作用。但真空泵车根据其装载量的不同，整车质量通常在3t到6t之间，因此，当涉事沟槽周围环境不稳定时，将车辆放置在离沟槽足够近的地方以发挥其吸取坍塌土壤的作用，但沟槽是很容易因为真空泵车的存在而发生二次坍塌的，所以救援人员需要仔细评估使用真空泵车后所带来的收益和风险。此外，虽然真空泵车可以加快清除沟槽内坍塌的土壤，不过救援人员也要注意快速地清除土壤势必会导致沟槽内部支撑系统的稳定性被破坏，这样是极容易发生沟槽的二次坍塌的，所以救援人员在沟槽事故救援中，要充分考虑所有参与救援行动的人、物在救援速度、救援效率和安全之间保持适当的平衡，切勿为了救人而冲昏了头脑。

第二节　架设绳索救助系统与救援

在沟槽事故救援过程中，救援人员经常需要使用绳索救援技能，尤其是在下放和提升救援人员和伤员时，沟槽的自身性质决定了在营救过程中，救援人员的身体会始终处于比被困人员更高的位置，因此虽然消防救援人员希望首选的救援方法是非进入式救援，但实际上在很多情况下这是比较理想的情况，这就意味着救援人员需要进入到沟槽环境内，清除各种机械装置或泥土，然后将被困人员从沟槽中救出来，这就要求消防救援人员掌握一定的绳索救援技能。绳索救援技术是一项需要很长时间训练的专业技能，超出了本书的范围。这里主要是为了让大家理解绳索救援提升与下放系统的重要性，更确切地说，它们是如何帮助消防员实施沟槽事故救援的。本节主要从机械省力系统的原理入手，进而介绍沟槽事故救援中绳索救助系统的搭建与救援操作。

一、机械省力系统

机械省力系统是指消防救援人员通过使用绳索、滑轮、安全钩、鸡爪绳等常见绳索器材建立起来的拉升被困人员的系统，其拉升快、省力、安全性高等特点，可以在消防救援人员较少的情况下完成山岳、峡谷、河流、竖井、坑道等受限空间的救援任务。

要理解机械省力系统的优势以及它们如何被用来提升物体，就需要理解如何使用滑轮组使提升变得更容易。假设把绳子系在某个东西上来提升它，考虑这个物体的整个质量为100kg，那么则需要用能够举起100kg重物的力将其拉起来，这在短距离内当然是比较容易的，但是当必须移动相当大的距离时，则需要多人共同协作来完成了，这样耗费大量人力对于消防救援任务来说显然是不可取的。因此为了使这项工作更容易，可以使用动滑轮，锚定绳索的一端，然后将绳索穿过动滑轮，动滑轮上的安全钩钩挂重物，如图8-4所示，这即为最简单的2∶1机械省力系统，人在提升100kg重物时仅需要施加相当于提50kg重物的力，即可完成提升操作。

▲ 图8-4　2∶1机械省力系统

这就是利用了动滑轮可以减小人员提升用力的特点，而动滑轮并不能改变动力方向，所以在实际的救援现场，消防救援人员会使用滑轮组，即动滑轮与定滑轮搭配使用，来提升机械省力系统的比例，更加快速高效地完成救援任务，如图8-5所示为典型的3：1机械省力系统。

▲图8-5　3：1机械省力系统

从图8-5可以看到，此3：1机械省力系统的拉绳方向与重物提升方向是一致的，如果是横向的牵拉，消防救援人员可以较好地用力，但如果是纵向提升的话，显然救援人员是很难施加提升拉力的，故可以在锚点位置安装一定滑轮，即可改变绳索的施力方向，如图8-6所示。

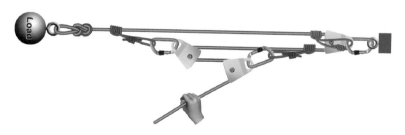

▲图8-6　改变拉绳方向的3：1机械省力系统

消防救援人员使用3：1机械省力系统进行救助时，消防救援人员对绳索输入10kN的力，理论上则可以输出30kN的力来提升被救援对象。当然如果添加滑轮组数量，机械省力系统的提升比例可以更大。虽然更加省力，救援人员数量减少，但与之相对应要付出的代价是绳索移动更加缓慢，救援速度减慢。由此可见，不是机械省力系统提升比例越大越好，具体情况往往要进行具体分析，通常不建议用例如9：1这样大比例的机械省力系统的。如果3：1机械省力系统满足不了沟槽事故救援的需要，则可以用5：1机械省力系统，如图8-7所示，其基本可以满足一般沟槽事故救援现场的情况。

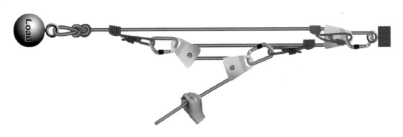

▲ 图8-7　5：1机械省力系统

二、绳索救助系统搭建

显而易见，机械省力系统可以帮助消防救援人员从沟槽中将被困人员营救出来，但机械省力系统需要挂在一定高度的锚固定点上才能正常运行，对于沟槽事故救援来说，现场往往很难找到合适的高位锚固定点，因此可以使用救助三脚架、临时A型框架或拉梯紧急救助方法建立完整的绳索救助系统。

救助三脚架又称救助支架，是一种能够实现快速提高锚点的工具。结构为三角支架、手动或电动绞盘、吊索和滑轮等，必要时可使用两脚架支撑。救助三脚架是最常用的高位锚点，主要用于山岳、竖井、高层建筑等事故现场的竖直救助工作，如图8-8所示。

▲ 图8-8 救助三脚架

在沟槽事故救援中，如果沟槽宽度较小，沟槽边缘有场地足够安装救助三脚架，则可以考虑利用其营救被困人员，但需要注意的是，救助三脚架在使用过程中，应保证所有的支撑杆所受的合力在救助三脚架的安全区域内，否则容易发生翻转。

如果沟槽事故现场地形并不利于搭建救助三脚架的话，则可以采用临时A型框架建立绳索救助系统，临时A型框架需要两根结实的杆、管子或者木头来支撑预计的负荷，其支撑杆越长，稳定性就会相应变差，3.6～4.2m长的支撑杆将保证负荷承载在合理的范围内。2.5m或3m长的支撑杆是最常用的长度。如果支撑杆太长，在底部位置利用绳索进行固定或捆绑横木杆，使A型框架形成三角形，可增强稳定性。如图8-9所示为使用两部梯子搭建的A型框架绳索救助系统，梯子会比单根杆或管子稳定性要强，在两部梯子顶端的交汇处，用绳索对其进行一定的固定，即可形成较为牢固的临时A型框架系统，梯子顶端下方则可以固定机械省力系统，将沟槽内部的被困人员营救出来。

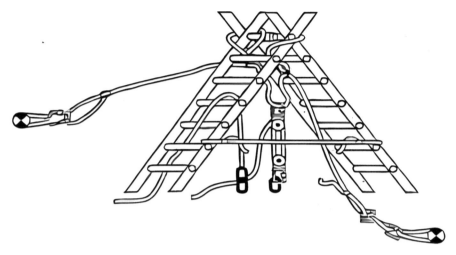

▲ 图8-9　临时A型框架绳索救助系统

如果沟槽事故现场地形既不利于搭建救助三脚架，同时沟槽宽度太大也不利于搭建临时A型框架，则可以采用拉梯紧急救助方法以建立绳索救助系统。拉梯紧急救助方法是利用拉梯作为吊升臂，将固定机械省力系统的锚点提高，以救助地下坑道、受限空间或悬崖下等低处的被困人员。该方法实际上是利用了前倾临时A型框架的原理，将拉梯顶端的两个梯梁分别用绳索缠绕固定，并将两根绳索延长固定在牢固插入地面的钢钎上，这样拉梯与绳索则构成了较为稳定的前倾临时A型框架，如图8-10所示。

因此拉梯紧急救助方法搭建的前倾临时A型框架，可以通过在拉梯顶端固定机械省力系统，消防救援人员在拉梯后操作提升救援绳索，即可将沟槽内的被困人员营救上来，该方法的优点是仅使用沟槽一侧即可搭建完整的绳索救助系统。

▲ 图8-10　拉梯紧急救助方法

　　如果沟槽内被困人员受伤严重，经消防救援人员评估，被困人员无法穿着安全吊带，或直接对被困人员身体施加作用力容易造成二次伤害的话，是无法利用以上方法进行垂直吊升救援的，沟槽内复杂的支撑系统也决定了一般沟槽内部是很难做到担架垂直吊升的。因此消防救援人员可以使用钢制篮形担架或多功能卷式担架，钢制篮形担架形状为梯形或长方形，其强度高，可以对被困人员起到全方位的牢固保护，多功能卷式担架采用合成树脂制成，可以卷成很小的体积，便于被困人员在狭小空间内运输。

　　外部消防救援人员将钢制篮形担架或多功能卷式担架通过沟槽内支撑系统的狭小空间运送给沟槽内部的消防救援人员，如图8-11所示。为了更加牢固地固定被困人员，通常在担架上捆绑一定数量的扁带，以便消防救援人员在沟槽内部对被困人员进行附着。

▲ 图8-11　向沟槽内部消防救援人员递送钢制篮形担架

沟槽内部消防救援人员将被困人员抬至担架内后，利用两根扁带对被困人员的胯部、肩部进行固定，防止被困人员在担架内上下晃动，最后利用第三根扁带对被困人员的外部进行附着，即将扁带反复穿过担架两侧的钢杆，在被困人员身上进行"X"形固定，直到达到被困人员头部的内侧钢杆上，并进行固定，如图8-12所示。具体操作方法可参考绳索救援书籍，本书不做具体赘述。

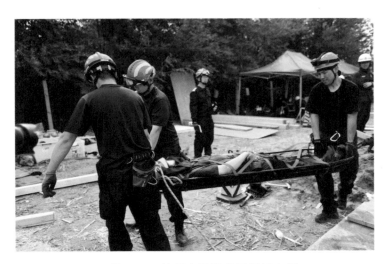

▲ 图8-12　被困人员附着于担架内部

最后，在钢制篮式担架头部固定绳索，确保救出被困人员过程中担架内的被困人员是头部比脚部高的，在沟槽内部和外部消防救援人员的配合下将被困人员营救出来，也可以在被困人员的头部盖上衣物，为其戴上头盔，防止救援过程中沟槽内部的土壤掉落在被困人员的面部和磕碰到其头部。

第三节　被困人员的初步护理

到目前为止，本书的重点一直是围绕着如何将沟槽内的被困人员安全地营救出来，但需要注意的是，沟槽坍塌事故的救援不仅仅需要将被困人员从沟槽中挖出并营救到安全的地带，还包括在任何特种灾害救援技术中应该重视的，被困人员的初步护理工作。因为在专业医疗救护人员到达现场前，消防救援人员需要面对被困人员已经或可能受到的各种身体伤害。本节旨在为沟槽事故救援中被困人员的解救、运输等过程提供基础的初步护理知识和技术基础。

一、被困人员可能面对的伤害

（一）气道阻塞

在沟槽事故救援情况下，被困人员首先可能面对的就是异物气道阻塞，导致被困人员的呼吸困难，阻塞物可能来自沟槽内的土壤、水和其他碎片等。当被困人员被土壤掩埋时，救援人员第一个目标是将其面部从土壤中露出，以确保被困人员正常的呼吸。此外，救援人员根据被困人员是否清醒或有无意识进行判断，如果被困人员无法维持自己的呼吸，则可能需要在被困人员救出后进行人工呼吸，或由医疗救护人员进行紧急的气管插管。

（二）呼吸窘迫

消防救援人员一旦认为被困人员气道通畅，下一个优先事项是清除被困人员胸部和/或背部的卡压成分，以便被困人员能够扩张和收缩肺部。沟槽坍塌事故中的许多死亡案例都是由于被困人员胸部或背部被极端重量压迫而无法呼吸造成的。实际上，由于沟槽内部处于比地面低的位置，因此任何被沟槽坍塌后埋压的被困人员都会有某种呼吸窘迫，因此对于救援人员而言，重要的是要知道，被掩埋的被困人员是没有与正常人相同的肺部扩张能力的，长时间的掩埋势必会导致被困人员死亡率的上升。

（三）循环系统损害

循环系统损害是指沟槽坍塌后，长时间被土壤埋压的被困人员，血液循环不畅，有可能导致心脏衰竭而死亡。如果被困人员被土壤埋压，对于消防救援人员而言，实际上很难评估其循环系统的损害。然而，在排除可能性之前，消防救援人员必须假设循环系统损害可发生在被困人员穿透性创伤的外部或钝力创伤的内部。无论是外部的还是内部的，都必须得到专业医疗救护人员尽快地处理，否则被困人员的死亡概率是很大的。

（四）外伤

沟槽坍塌事故发生后可能造成被困人员轻微的外伤和较为严重的外伤，因此消防救援人员应具备初步评价被困人员外伤情况的能力，以确定其对被困人员生命造成的威胁。例如，如果被困人员的前臂区域闭合性骨折通常不会危及生命，但如果是股骨开放性骨折，则会对被困人员造成生命的潜在威胁。一般来说，对于沟槽事故救援，解决被困人员的骨折、扭伤、拉伤和轻微撕裂是消防救援人员任务的最后一个优先事项。首要任务是让被困人员离开沟槽，并接受专业医疗救护人员的最终护理，一旦被困人员离开沟槽，就可以治疗非危及生命的外部损伤。但如果消防救援人员可以在解救被困人员时，同时进行初步的医疗护理治疗，则应考虑同步进行；对于非危及生命的外部伤害，切记，不要因此延误被困人员的解救工作。

（五）内伤

被困人员的内伤通常是由于沟槽坍塌后土壤等各种物体带来的外部挤压力而引起的身体内部的直接损伤，如果挤压力持续足够长的时间，则会导致被挤压组织血液流通不畅，进而造成被困人员肌肉细胞死亡，造成肌肉挤压伤。研究表明，肌肉有可能在没有氧气的情况下存活长达四个小时，之后组织细胞则开始死亡，当这一过程开始发生时，许多毒素是无法通过正常的血液流动释放的，持续的挤压力会引发挤压综合征，导致被困人员死亡。

二、被困人员的初步医疗护理

（一）提供初步医疗护理的人员

对于任何特种事故救援来说，重要的是要考虑到底是谁来为被困人员提供初步护理。在沟槽事故救援中，转移被部分掩埋的被困人员需要较长时间，因此被困人员的初步护理通常在将其转移之前就已经开始，这就要求在沟槽事故救援中，消防救援人员需要掌握一定的初步医疗急救技能。

当消防救援人员在被困人员周围建立安全区域后，救援人员应在沟槽中指派一名懂医疗急救技能的人员进行初步评估并开始被困人员的护理，需要注意的是，此人最好身材不要过于高大，相对灵活的救援人员有利于在沟槽事故救援支撑系统就位后的有限空间内进行作业活动。如果救援人员中没有懂医疗急救技能的人员，建议派出接受过建筑倒塌事故救援培训、沟槽事故救援培训或受限空间事故救援培训的医疗救援人员进入到沟槽内部对被困人员实施初步的医疗护理，这一点非常重要，否则医疗救援人员本身有可能会由于不了解救援环境和工具而造成二次风险的发生。

（二）对所有被困人员进行关注

在医疗护理人员进入到沟槽内部后，一定要记住医疗急救中的

第一条原则，不要造成被困人员的二次伤害。因为大多数的沟槽事故救援现场都是很拥挤狭小的，并且可能会含有水，这就会造成沟槽内一种易滑、不舒服和令人恐惧的环境，而医疗护理人员需要尽最大努力去排除这种干扰，专注于被困人员的护理工作。

医疗护理人员从初步调查开始评估，检查被困人员的基础身体状况，如气道是否堵塞，呼吸是否正常，循环系统是否正常等等。如果被困人员有遭受严重的砸压或跌落的话，则尽可能对其使用颈椎保护措施。确保呼吸道安全后，评估被困人员的呼吸情况，如果其呼吸不畅，可以补充氧气并协助其通气，在沟槽内狭小空间给氧的一个技巧是将氧气瓶放在狭小空间之外，延长管一头接在输氧装置上，另一头连接在被困人员的面罩上。如果被困没有明显的原因呼吸困难，此时需要重新评估有毒或缺氧的可能性，当然在进入沟槽内部之前，消防救援人员应该已经至少检查过一次沟槽内部的大气状况了，因此确认沟槽内部通风良好并持续监控，同时确保被困人员身上或附近的气流不会导致其体温过低。

接下来，评估被困人员的血液循环系统，可以通过触诊测量被困人员的桡动脉、肱动脉、股动脉、颈动脉或足背动脉脉搏来实现。但是如果被困人员循环系统衰竭或处于休克状态，桡动脉本身就比较弱，触摸桡动脉可能会出现触摸不清等情况，一般可以采取触摸肱动脉或者是颈动脉等大动脉的血管搏动，来进行心率的计数。

完成初步评估后，继续进行二次评估，并检查是否有任何其他危及被困人员生命的危险，如果评估后没有其他危险，则消防救援人员准备将被困人员安全营救出沟槽，被困人员离开沟槽后，在医疗单位支持下，继续护理被困人员会更加容易。如果在第二次评估中发现其他危及被困人员生命的问题，那就需要尽快处理，创伤性的肢体损伤和挤压伤倾向于适度出血，可以用大容量压力敷料来稳定，而如果出现严重的肢体出血，并且无法用压力敷料进行控制，经过专业的医生评估后可以使用凝血产品。在被困人员从沟槽中营救出来后，医疗救护人员将有更多的时间来控制出血。

对于不危及被困人员生命的骨折，应该将被困人员的骨折部位固定在一定长度的长板上。除非沟槽事故救援现场完全稳定并且安全，否则不要在沟槽内花时间固定被困人员这些部位，将其从沟槽环境中救出后，医疗救护人员有充足的时间去处理这些非致命的伤情。

（三）坍塌后埋压的被困人员护理

如果沟槽坍塌后，被困人员被土壤或其他物质完全覆盖，首先试着确定被困人员头部的位置，尽量露出其头部和胸部，需要注意的是，此时被困人员的口腔和呼吸道可能充满了泥土和异物。因此要尽可能快地清除口腔和呼吸道内的各种异物，可以用手指和医用便携式抽吸装置清除阻塞被困人员呼吸道内的异物，待被困人员气道畅通后，检查其是否有正常的呼吸，然后尝试给其通气。

在被困人员头部和颈部周围土壤清理干净后，可以放置颈圈以避免任何可能的颈椎损伤。如果被困人员能与救援人员交流，可以询问其是否能感觉到仍埋压的身体部位，身体是否有任何损伤。

如果被困人员的胸部和腹部被泥土覆盖，其呼吸可能会受到限制，因为干的或沙质的土壤很容易在被困人员周围流动，并造成被困人员额外的胸部限制，每当其呼气和吸气时，土壤就会流入并填充空隙，造成更多的限制，因此，清除被困人员胸部周围的土壤以使其肺部尽快正常扩张是至关重要的。当被困人员胸部的土壤被清理出来后，并且情况允许下，可以在被困人员身上放置一个心脏监视器并检查异常的心律。

挖掘被困人员埋在地下的身体部分是一项缓慢的工作，在这个过程中，救援人员需要向被困人员提供精神上的支持，这种精神鼓励很重要，将对被困人员产生积极的影响。然而，救援人员也可以利用这段时间来计划如何处理被困人员被埋压身体部位的额外伤害，例如，如果被困人员告诉你，他可能有一条腿断了，感觉湿湿的。那么救援人员就应该及时准备好处理开放性骨折的医疗设备。

（四）其他注意事项

在长时间的被困人员解救过程中，沟槽内部环境将会比周围外部环境更冷，甚至在夏天也会出现体温过低的情况，因为地面以下通常保持恒温，全年气温通常在10℃以下，长时间接触冰凉的土壤会降低被困人员身体的核心温度，而且由于大多数沟槽环境潮湿或含水，被困人员很可能被水或泥浆包围，增加了身体的散热率，恶劣的天气也会降低被困人员的体温。综合考虑到这些因素，救援人员应该考虑使用加热的强制鼓风机或注射加热的静脉注射液，作为在寒冷天气下处理长时间沟槽事故救援时防止被困人员身体体温过低的一种方法。此外，应尽量让被困人员保持身体干燥，并尽可能地限制其身体与地面的接触，可以在被困人员下方和周围放置柔软的发泡防潮垫或毯子等隔热材料，以防止热量损失。亦可以在被困人员腋下或颈部区域放置暖宝宝这类物品，将会使被困人员感到温暖。如果沟槽内部环境安全，救援人员也可以将便携式小太阳指向该区域以增加热量。

当被困人员长时间被困沟槽内部时，其身体状况可能恶化到需要心脏除颤或心肺复苏的程度，救援人员应该为遇到这种潜在的危险情况做好准备。如果被困人员所在周围沟槽环境是湿的，就需要将被困人员营救至沟槽外部，保持其身体尽量干燥，然后再进行心脏除颤作业。而如果被困人员的身体情况继续恶化，并且恶化到心脏停止活动，救援人员有效的心肺复苏和除颤都很难进行的话，则应该终止整个医疗护理的方案，寻求专业医疗救护人员的建议和帮助。

沟槽事故救援中被困人员的担架附着和救援技术与其他特种事故救援，如绳索救援、受限空间救援中被困人员的担架附着和救援技术没有太大的不同。然而，一些额外的情况仍需要引起救援人员的注意。如在将被困人员从沟槽中转移出来时，救援人员必须非常小心不要破坏任何救援支撑系统中的组件，当许多救援人员同时在沟槽内部工作时，这种情况是经常发生的。虽然在被困人员的转运过程中，支撑系统中的组件往往会让整个转运过程变得异常困难，但支撑系统的完整性是保证沟槽不发生二次坍塌的前提，因此必须时刻监护沟槽事故救援支撑系统的稳定性。

被困人员从沟槽中救出的另一个问题是，使用担架还是吊带将被困人员救出，如果被困人员身体无骨折及明显外伤的情况，吊带是最佳的选项，其操作节省时间，且更容易满足垂直提升方法。但如果被困人员骨折或整个身体处于软弱无力且难以管理的情况下，则应该使用担架将其救出，此时在沟槽事故救援支撑系统的环绕下，垂直提升方法可能很难正常展开，那么可以利用沟槽外部救援人员牵引钩挂担架的绳索，沟槽内部救援人员抬担架的方式，将附着被困人员的担架斜向转运出沟槽，当然整个转运过程要确保被困人员的头部高于脚部，防止其出现不适，并且可以将衣物覆盖在被困人员的面部，防止沟槽内土壤掉落在其面部影响呼吸。

第四节　沟槽事故救援系统的拆除

沟槽事故救援行动终止后，消防救援人员仍需要拆除沟槽事故救援支撑系统和救援装备，整个拆除需要仔细计划和执行，以避免错误和造成不必要的伤害。如果后备人员充足的话，最好派遣后备力量进行沟槽事故救援系统拆除工作，以轮换一线救援人员。负责系统拆除操作的人员必须制定一个操作可行的计划，包括具体的任务目标、人员分工情况等，由于已经不涉及拯救被困人员，所以系统拆除操作应该放慢速度，以消除操作过程中的所有风险因素。

首选的设备拆除方法是使用重型机械设备，其可以避免消防救援人员进入到沟槽内部实施拆除作业，如果没有重型机械设备或沟槽周围环境不允许重型机械设备操作的话，则可以使用人工手动拆除技术。具体可按照以下操作步骤准备沟槽事故救援系统的拆除。

一、沟槽安全性检查

（1）检查每个沟槽边缘保护设备下的沟槽边缘状况，寻找土壤运动的迹象（例如裂缝、滑动或移动等）；

（2）评估沟槽内部支撑板周围墙壁的状况（如裂缝、膨胀或脱落）；

（3）如果沟槽土壤存在裂缝、脱落或其他活性土壤的迹象，那么就不要派遣消防救援人员进行手动拆除，因为此时的沟槽土壤在长时间的暴露情况下水分会流失，土壤黏性亦会降低，更容易发生沟槽的二次坍塌，取而代之的是，将重型机械设备运至沟槽事故救援现场，拆除沟槽事故救援系统。

二、沟槽事故救援气动支撑系统的拆除程序

（1）救援人员进入沟槽，由沟槽离进入位置最远端逐步开始拆除工作；

（2）救援人员先拆除内部横撑梁，递送给沟槽外部的救援人员；

（3）内部横撑梁拆除后，按照底部、上部、中部的顺序逐步拆除气动支撑柱；

（4）用羊角锤从支撑柱底座上取下固定的钉子，将空气软管连

接至支撑板上的气动支撑柱，通过控制器慢慢降低支撑柱中的气压，待支撑柱彻底不承受压力后，沟槽内部救援人员将支撑柱递给外部的救援人员（亦可以在支撑柱两端捆绑绳索，在其泄压后由外部救援人员直接进行提升移除），但在操作过程中要观察墙壁是否有任何移动，如果有墙发生移动时，让所有人员远离沟槽边缘；

（5）如果支撑板背部有外部横撑柱和低压起重气囊等回填装备的话，则外部救援人员与内部救援人员相互配合，共同降低气囊与支撑柱的压力，防止支撑板两侧受力不均；

（6）待一组支撑板上的支撑柱全部拆除完毕后，沟槽内部的救援人员进入到有未拆除支撑板的保护区域，沟槽外部的救援人员从沟槽两侧分别提拉支撑板上的绳索，将支撑板移除出沟槽内部；

（7）对其余支撑板和支撑柱重复（3）～（6）的步骤；

（8）当救援人员需要拆除靠近梯子入口处最后一组支撑板时，沟槽内部仅保留一名救援人员，其余人员均撤离至沟槽外部。将保护绳挂接在救援人员的腰带上，与安装沟槽事故救援支撑系统第一组支撑板上的支撑柱动作类似，救援人员应在梯子上工作，并保持其的头和胸部在中间支撑柱之上的安全区域，拆除底部、上部、中部的支撑柱时，救援人员不断调整在梯子上的位置；

（9）救援人员在拆除完所有支撑柱后，通过梯子迅速撤离至安全区域，沟槽外部的救援人员则迅速将最后一组支撑板移除；

（10）最后移除所有沟槽边缘保护设备，现场工程施工人员对沟槽进行进一步处理。

需要指出的是，以上我们以沟槽事故救援气动支撑系统拆除程序进行举例，此方法同样适用于木质支撑系统、液压支撑系统，区别是木质支撑系统需要拔除更多的钉子和注意木楔不要掉落在沟槽内。整个沟槽事故救援支撑系统拆除过程中，如果墙体发生了明显的移动时，那么就应该让所有人员从沟槽中撤离，并等待重型机械设备移除支撑板和支撑柱，切不可冒着风险继续进行人工手动拆除。

第九章

沟槽事故救援队伍
人员能力要求

沟槽事故救援属于消防救援队伍特种灾害事故救援之一，而特种灾害事故救援很重要的一点是需要特种装备、特别训练和特殊队员，这一观点我们在本书的第一章中就有所介绍，对于装备和训练我们依次进行了较为详细的介绍，而建立一支训练有素的、高效的救援队伍绝对不是偶然的，这需要队伍中各种工作职能的队员都能理解他们自身的角色、责任和其他人对工作结果的期望。本章将重点介绍沟槽事故救援队伍中各级人员应具备的能力。

消防救援队伍的准军事化管理和组织结构，可以被描绘成一个陡峭尖角的金字塔结构，大多数人都位于金字塔等级的较宽层级内，而位于顶部层级内的人要少得多。虽然普通消防员、中层消防官员和高级消防官员都在消防救援队伍中扮演着非常重要的角色，但就其本质而言，这种金字塔结构说明了消防救援工作中的许多问题，因为它体现了这样一个理念，即顶层的人比底层的人更重要，我们也可以这样理解，即随着消防救援人员继续走向金字塔顶峰，其所承担的角色和功能会完全改变，责任和问责水平亦通常会相应提高。

沟槽事故救援队伍的金字塔结构可以划分为三个基本层次，如图9-1所示，金字塔的底部是沟槽事故救援队伍中人数最多的一线消防救援人员，这些人直接参与到沟槽事故救援行动中，并实际操作沟槽事故救援装备，如本书第五章第二节介绍的沟槽事故救援指挥体系中边缘保护小组、支撑系统小组等，他们的主要任务就是执行沟槽事故救援中各种战术目标，以保证沟槽事故救援任务的顺利完成。金字塔中间层级的是中级消防官员，他们人数相对较少，如本书第五章第二节介绍的沟槽事故救援指挥体系中行动指挥官、行动规划官等，他们的主要任务就是依据自身的救援经验，制定战术行动目标并监督所领导的消防救援人员安全、高效地完成战术行动目标，以实现高级消防官员针对沟槽事故所制定的战略目标。金字塔最高级别由高级消防官员组成，他们是整个沟槽事故救援行动的指挥官，如本书第五章第二节介绍的沟槽事故救援指挥体系中总指挥官，其主要负责整个沟槽事故救援行动的战略规划和救援队伍管理任务，并能够展望沟槽事故救援行动的未来结果走向。

▲ 图9-1　沟槽事故救援队伍金字塔结构

第一节　一线消防救援人员

　　沟槽事故救援队伍中最大的组成部分是执行救援工作的人员，即一线消防救援人员，这些人员直接操作沟槽事故救援装备，执行具体的沟槽事故救援战术目标，多数情况下一线消防救援人员并不参与做出具体的决策，其应该相信并执行中级消防官所做的战术决策。在沟槽事故救援过程中，中级消防官员应给予一线消防救援人员充分的操作控制权，相信他们的实战能力，以发挥他们的主观能动性，不过中级消防官员在一定程度上要对一线消防救援人员的操作结果负责。

一、安全

一线消防救援人员每个人都应对自己的安全负责。通常，这种安全文化始于每个成员接受的其对应等级的沟槽事故救援培训，其次亦包含涉及沟槽安全作业中的各项规范和标准。一线消防救援人员绝不能因为没有找到标准就认为自己能做任何事，沟槽事故救援行动是危险的，如果操作不当，是容易造成伤亡的。底线是，如果消防救援人员受伤了，那一定是其操作不规范造成的错误。

二、服从

一线消防救援人员必须服从上级指挥员做出的战术目标任务部署，而不是对于其战术行动目标进行质疑。在沟槽事故救援现场，无条件执行上级指挥员的任务部署将极大提高整体救援效率，因此一线消防救援人员要百分百相信上级指挥员的决策能力，增强团队的整体服从意识。

三、能力和优势

一线消防救援人员还需要确保其自身能力可以满足随时应对沟槽事故救援现场，团队成员随时奔赴救援现场。沟槽事故亦属于突发事件，团队成员就应该随时准备好应对此类突发事件，而不是等沟槽事故发生后才意识救援人员能力根本达不到应对此类突发事件的标准。

一线消防救援人员是具体执行战术行动的主要力量，其直接关系到救援行动的成败，因此为了最大限度地发挥每名成员的能力，就需要建立并保持定期的培训、轮训制度，以便团队每名成员都能得到相应的提高。同时应不间断地评估每名成员的能力和优势，为其安排到适合其自身能力的岗位。沟槽事故救援队伍亦需要建立招募新成员的制度，建立考核、测试流程，以确保新招募成员具备满足沟槽事故救援队伍的最基础要求。允许并鼓励消防救援队伍其他部门成员进行沟槽事故救援培训的参观与学习，因为其学到的东西有利于整个消防救援队伍拓展对于特种灾害事故救援的认知水平，此外某天可能就会用到。

第二节　中级消防官员

作为中级消防官员，其首要职责和主要目标是保持一线消防救援人员的责任感，通过有效的监督管理，始终可以确保完成沟槽事故现场问责过程。其次，中级消防官员应集中精力于按照高级消防官员的战略部署制定具体的战术行动目标，监督救援现场的一线消防救援人员安全地完成战术行动目标，并考虑如何努力提高整体沟槽事故救援行动的效率。因此中级消防官员往往都是从参与消防救援工作多年且沟槽事故救援经验非常丰富的一线消防救援人员中选拔而来的，他们既能理解高级消防官员做出的战略性部署，制定合理的战术行动目标，又能就一线消防救援人员的沟槽事故救援操作提出安全、有效性的建议。

同时为了更好地实现中级消防官员在沟槽事故救援中"上传下达"的作用，提高救援过程中信息传递的效率，很重要的一个方面是建立一个强大而可靠的沟槽事故救援指挥体系，具体可重新回顾本书第五章第二节中所介绍的沟槽事故救援指挥体系这一部分。

一、沟通

在沟槽事故救援过程中，没有行之有效的沟通流程，整个救援组织可能就会陷入停滞，因此，良好的沟通是沟槽事故救援成功与否最关键的因素之一。在沟槽事故救援行动中，中级消防官员离高级消防官员足够近，所以他们能够理解沟槽事故救援组织的局限性，同时中级消防官员离一线消防救援人员也足够近，因此他们可以看到这些局限性如何影响沟槽事故救援行动和一线消防救援人员。实际上，可以将中级消防官员看作是沟通的桥梁，高级消防官员的重要信息通过他们进行任务分解并传递给一线消防救援人员，而一线消防救援人员在任务目标完成后，将结果信息通过他们再返回给高级消防官员，以便其进行下一步的指挥决策。

二、评估装备及培训人员

中级消防官员的平时大部分工作应集中在评估沟槽事故救援装

备及培训一线消防救援人员这两件事上，其领导与管理中的非常重要的功能体现的是努力构建一支真正满足沟槽事故救援需求的救援队伍，配备足够的沟槽事故救援装备。有些队伍拥有丰富的沟槽事故救援装备，但没有足够的接受过高水平沟槽事故救援培训的人员来操作这些装备，而有些队伍拥有经历过高水平沟槽事故救援培训的人员，但沟槽事故救援装备却极其有限。作为中级消防官员，就应该利用其丰富的经验和领导地位来平衡人员和设备之间的良好关系。因此中级消防官员有必要从一线消防救援人员那里获得大量信息，有必要分析统计数据，从而有针对性地掌握人员情况和装备情况，然后为沟槽事故救援队伍提供有效的资源补充。

中级消防官员的另一个职责是创建一个良性的培训和轮训流程来衡量队伍成员的技能。并非所有的沟槽事故救援队伍成员都需要相同的技能，因为成功的沟槽事故救援队伍是通过确保每名成员的技能与其他成员的技能相互补充而创建的，这样形成的救援合力更有利于高效完成沟槽事故救援。成功的中级消防官员都明白队伍成员带给沟槽事故救援队伍的最大财富是他们最强的技能，因此应把精力投入到让合适的成员进入合适的位置，也就是说，安排他们到沟槽事故救援任务中他们擅长的位置上去，再通过不断的培训和轮训以提高他们的能力。

三、指导队伍建设

消防救援队伍往往依靠中级消防官员来识别沟槽事故救援队伍运作中的不足，因为高级消防官员离沟槽事故救援前线相对较远，其视野覆盖不了很远很细的地方，而中级消防官员通过观察沟槽事故救援行动可以及时发现队伍中的缺陷，进而总结和吸取相关的经验教训。在这个层次上，中级消防官员还负责为沟槽事故救援队伍制定具体的运行程序，以便各个职位上的队员都能按照正确的程序执行。

中级消防官员的另一个非常重要的职责是建立沟槽事故救援队伍招募新队员制度，因此建立新队员测试基准，以确定谁可以加入队伍、可以待多长时间、需要经历哪些培训、考核标准如何等等，这些都是指导沟槽事故救援队伍建设所需要认真考虑的问题。此外中级消防官员还负责倡导队员参加继续教育培训和增加队员多项技能发展的机会，重点是全方位提高整个队伍和个人的工作能力。

第三节　高级消防官员

高级消防官员更应该将注意力放在有助于沟槽事故救援行动及整体组织发展的战略部署方面，亦可以理解为用战略性的眼光"开创未来"。在沟槽事故救援行动中，高级消防官员需要充分发挥协调、联络、调度等管理才能为中级消防官员和一线消防救援人员提供足够的人力、物力、财力支持，应对来自外界的协调联动单位、新闻媒体单位、上级主管部门的沟通协调，可以说高级消防官员更要求具备完善的管理技能和战略眼光，这往往比一线消防救援人员的装备操作技能更复杂和难以掌握。

除了理解沟槽事故救援队伍中每一级人员的职责，高级消防官员应该建立队伍中所有级别人员开放沟通的机制，如同人与人之间良好的关系一样，优秀的沟槽事故救援队伍总是建立在彼此信任和真诚对待的基础上的。但良好的沟通机制并不意味着在沟槽事故救援中可以越级指挥或越级上报，金字塔式的扁平化指挥体系架构是沟槽事故救援中所有队员都应遵守的。

一、价值观和文化

好的价值观势必会造就伟大的团队，这一点对于沟槽事故救援队伍来说同样适用，高级消防官员的工作是确保良好的团队价值观根植于队伍文化之中，并渗透到沟槽事故救援决策指挥的各个方面。开放、真诚的沟通是通过在日常工作中"言行一致"来维持和发展的。高级消防官员应致力于从顶层设计方面指导和发展沟槽事故救援团队文化，确保团队各级的共同目标一致，决策一致，从而更好地形成合力。

二、战略规划

沟槽事故救援队伍的发展需要高级消防官员花费大量时间进行宏观层面的战略规划，并为实现这些规划从多种渠道谋求装备设备采购和更新、人员招募和培训所需的资金，这些工作在救援业务中无疑是至关重要的，因为沟槽事故救援突发事件并不是每天都发生的，但是它们却需要专门的且昂贵的装备和有充足能力的消防救援人员来进行应对，因此多举措筹措资金并合理制定预算，这些都是高级消防官员在保持沟槽事故救援队伍运转所需要考虑的战略性问题。

附录A　沟槽事故救援情况表

基本信息

日期＿＿＿＿＿＿＿＿　　时间＿＿＿＿＿＿＿＿　　天气情况＿＿＿＿＿＿＿＿＿＿

位置/地址＿＿＿＿＿＿＿＿＿＿＿＿＿＿＿＿＿＿＿＿＿＿＿＿＿＿＿＿＿＿＿＿＿

沟槽用途＿＿＿＿＿＿＿＿＿＿＿＿＿　　沟槽深度＿＿＿＿＿＿＿＿＿＿＿＿＿＿＿

被困人员数量及状态＿＿＿＿＿＿＿＿＿　　被困人员位置＿＿＿＿＿＿＿＿＿＿＿

最后看见被困人员时间＿＿＿＿＿＿＿＿　　关闭所有施工设备时间＿＿＿＿＿＿＿

检查人员＿＿＿＿＿＿＿＿＿＿＿＿＿＿＿＿＿＿＿＿＿＿＿＿＿＿＿＿＿＿＿＿＿

沟槽类型	土壤类型

沟槽类型：
□直壁型　　□Y型
□X型　　□L型
□T型　　□混合

土壤类型：
□岩石　　□甲类　　□乙类　　□丙类
□手动测试
□黏性　　□干性　　□干强度　　□穿透性

危险

是/否　　　　　　　　　是/否　　　　　　　　　是/否

□ □　沟槽损坏　　　　　□ □　下过雨　　　　　□ □　设备运行状态

□ □　土壤受到扰动　　　□ □　经历过振动　　　□ □　沟槽土壤裂缝

□ □　深度超过5m　　　　□ □　额外的负荷　　　□ □　沟槽内大气环境

□ □　沟槽内积水　　　　□ □　沟槽内设备　　　□ □　沟槽内危险化学品

其他危险:＿＿＿＿＿＿＿＿＿＿＿＿＿＿＿＿＿＿＿＿＿＿＿＿＿＿＿＿＿＿＿＿

＿＿＿＿＿＿＿＿＿＿＿＿＿＿＿＿＿＿＿＿＿＿＿＿＿＿＿＿＿＿＿＿＿＿＿＿＿

施工操作安全

是/否　　　　　　　　　是/否　　　　　　　　　是/否

□ □　安全区域划分　　　□ □　设备完善　　　　□ □　完成排水

□ □　安全预案　　　　　　　　　　　　　　　　□ □　挖掘工作安全

沟槽内大气监测记录

时间	氧气浓度	一氧化碳浓度	硫化氢浓度	可燃气体下限浓度

进入沟槽前行动

☐ 进入前简会 ☐ 坠落保护 ☐ 清理弃土堆 ☐ 边缘保护
☐ 大气监测 ☐ 通风换气 ☐ 个人防护 ☐ 清除危化品
☐ 照明 ☐ 架设唇桥 ☐ 架设梯子 ☐ 划分救援区域

沟槽救援支撑系统

支撑类型：☐ 木材 ☐ 气动支撑 ☐ 液压支撑 ☐ 螺旋千斤顶
☐ 模块化救援箱体 ☐ 回填操作 ☐ 双帽钉加固 ☐ 符合架设安全比例

被困人员救援

土壤清理：☐ 铲子 ☐ 桶 ☐ 真空泵车 ☐ 其他_____
被困人员附着：☐ 船式担架 ☐ 卷式担架 ☐ 吊带 ☐ 其他_____

救援指挥体系架构

总指挥官_____ 安全官_____ 联络官_____
行动指挥官_____ 行动规划官_____ 后勤补给官_____
边缘保护小组_____ 支持系统小组_____
救援小组_____ 辅助支持小组_____

沟槽救援场景图

其他记录：_____

附录B 沟槽事故救援现场行动评价表

沟槽类型：_____

救援队总指挥官：_____

<table>
<tr><td colspan="2">沟槽事故责任方：</td><td colspan="2">进入沟槽前的行动：</td></tr>
</table>

沟槽事故责任方：

这是什么项目工程？ _____

沟槽发生了什么？ _____

共多少人被埋？ _____

沟槽土壤条件怎样？ _____

被埋多长时间？ _____

被埋的位置？ _____

大概多深？ _____

沟槽内有哪些危险？ _____

现场有哪些可用的资源？ _____

进入沟槽前的行动：

☐ 预进入沟槽简会

☐ 大气监测

☐ 通风换气

☐ 标记及保护被困人员

☐ 标记危险因素

☐ 下放梯子：时间_____

☐ 清理弃土堆：时间_____

☐ 边缘保护：时间_____

☐ 指定安全官：时间_____

沟槽救援行动计划：

☐ 指定救援队伍

☐ 支撑系统方案：
    ☐ 架设位置可靠
    ☐ 所有人员均知晓
    ☐ 良好的团队协作

☐ 所有作战单元：
    ☐ 危险信息及时沟通
    ☐ 任务分配得当

☐ 后勤：
    ☐ 资源设备充足
    ☐ 切割站运行良好

救援支撑系统：

☐ 支撑系统整体符合标准

☐ 横撑柱设置规范

☐ 支撑柱设置规范

☐ 补充板安装得当

☐ 回填操作得当

☐ 用双帽钉进行加固

被困人员救助：

☐ 土壤移除得当

☐ 被困人员救助得当

☐ 被困人员附着得当

☐ 救援人员操作安全

☐ 被困人员1：救出时间_____

☐ 被困人员2：救出时间_____

救援完成时间_____

参考文献

[1] Ron Zawlocki, Craig Dashner.Trench Rescue：Principles and Practice to NFPA 1006 and 1670 FOURTH EDITION[M]. Jones & Bartlett Learning, 2021.

[2] CMC Rescue. Trench Rescue Technician Manual[M]. CMC Rescue, 2014.

[3] National Fire Protection Association. NFPA 1006：Standard for Rescue Technician Professional Qualifications[S]. Quincy, MA：NFPA, 2016.

[4] National Fire Protection Association. NFPA 1670, Standard on operations and training for technical rescue[S]. Quincy, MA：NFPA, 2016.

[5] OSHA Standard 29 CFR 1926 Subpart P[S]. U.S. Department of Labor, Occupational Safety and Health Administration, 2020.

[6] C. V. Martinette. Trench Rescue：Awareness, Operations, Technician[M]. Jones & Bartlett Learning, 2008.

[7] Steven T. Edwards. Rescue Technician Trench Rescue Operations [M]. Maryland Fire and Rescue Institute, University of Maryland, 2009.

[8] Scott Richardson. Technical Rescuer：Trench Levels I and II[M]. Delmar Cengage Learning, 2010.

[9] John P. O'Connell. Emergency Rescue Shoring Techniques [M]. Oklahoma：PennWell Corporation, 2005.

[10] Tom Jenkins. Trench and Excavation Rescue [M]. Rogers Fire Department Standard Operating Procedures, 2012.

[11] 李剑锋. 沟槽事故救援重型支撑套具支撑技术[J]. 消防科学与技术, 2015, 34（09）: 1230-1233.

[12] 刘文跃. 沟槽施工坍塌事故中的消防抢险救援战法研究[J]. 消防技术与产品信息, 2016（08）: 57-59.

[13] 崔绅, 张鹏, 胡晔, 等. 消防员沟渠救援技术应用研究[J]. 消防科学与技术, 2016, 35（09）: 1304-1306.

[14] 刘峰. 谈沟渠坍塌救援中的支撑技术应用[J]. 武警学院学报, 2015, 31（02）: 30-34.

[15] 洪伟伟, 廉健, 成武家, 等. 木支撑技术在沟槽救援中的应用[C]. 中国消防协会, 2017.

[16] 范茂魁, 刘朝文. 人员被困管道事故救援技战术探讨[J]. 消防科学与技术, 2009, 28（12）: 937-940.

[17] DB11/489—2007. 建筑基坑支护技术规程[S]. 北京: 北京市建设委员会、北京市质量技术监督局, 2007.

[18] GB/T 29175—2012. 消防应急救援　技术训练指南[S]. 北京: 中国标准出版社, 2012.

[19] GB/T 29176—2012. 消防应急救援　通则[S]. 北京: 中国标准出版社, 2012.

[20] GB/T 29177—2012. 消防应急救援　训练设施要求[S]. 北京: 中国标准出版社, 2012.

[21] GB/T 29178—2012. 消防应急救援　装备配备指南[S]. 北京: 中国标准出版社, 2012.

[22] GB/T 29179—2012. 消防应急救援　作业规程[S]. 北京: 中国标准出版社, 2012.